Hochleistungskessel

Studien und Versuche über Wärmeübergang, Zugbedarf
und die wirtschaftlichen und praktischen Grenzen einer
Leistungssteigerung bei Großdampfkesseln nebst einem
Überblick über Betriebserfahrungen

Von

Dr.-Ing. Hans Thoma

in München

Mit 65 Textfiguren

Springer-Verlag Berlin Heidelberg GmbH

1921

ISBN 978-3-642-90466-0   ISBN 978-3-642-92323-4 (eBook)
DOI 10.1007/978-3-642-92323-4

Vorwort

Unter der kurzen Bezeichnung „Hochleistungskessel" versteht die heutige Praxis Großdampfkessel und zwar meist Wasserrohrkessel, welche auf kleinstem Raum und bei geringen Anlagekosten möglichst hohe Dampfleistungen aufweisen sollen ohne an Wirtschaftlichkeit dem älteren Flammrohr- oder Cornwallkessel unterlegen zu sein   In den letzten Jahren hat die Industrie sichtliche Fortschritte gemacht in der Vervollkommnung der Hochleistungskessel, und auf den ersten Blick ist nicht zu entscheiden, wie weit diese Entwicklung noch führen wird oder führen kann.

Das vorliegende Buch soll nun die Frage beantworten, wie weit die Leistungssteigerung bei Großdampfkesseln noch getrieben werden kann, ohne die Wirtschaftlichkeit der Dampferzeugung zu beeinträchtigen oder die Betriebstüchtigkeit der Kessel zu schmälern.

Da die bisher bekannten wärmetechnischen Versuche oder Rechnungsverfahren kein vollständiges Bild von dem Mechanismus der Wärmeströmung insbesondere in dampfkesselähnlichen Wärmeaustauschapparaten geben, mußte ich es unternehmen, neue Wege für die Erforschung des Wärmeüberganges zu beschreiten und nach neuen Grundlagen für die rechnerische und experimentelle Bewertung solcher Wärmeaustauschapparate zu suchen. Diese Arbeiten sind im ersten Teile dieses Buches in Kürze wiedergegeben.

Außerdem war es notwendig, im praktischen Betriebe Studien vorzunehmen und Richtlinien für die Bewertung der Dampfkesselkonstruktionen zu gewinnen, worüber der zweite Teil des Buches berichtet.

Praktische Erfahrungen im Dampfkesselbetriebe waren der Anlaß zu diesen Arbeiten und ich hoffe, daß der praktische Dampfkesselbau aus den hier gebrachten Versuchen und Studien Anregungen zu weiteren Vervollkommnungen seiner Konstruktionen schöpfen wird.

Es bleibt mir noch die angenehme Pflicht, Herrn Professor Dr. ing. h. c. Schultz in München zu danken für die Unterstützung, welche er meinen Arbeiten angedeihen ließ durch Überlassung der Hilfsmittel seines Privatlaboratoriums, in welchem die hier wiedergegebenen umfangreichen Versuchsarbeiten erledigt wurden, sowie dem Maschinenbaudirektor der ehemalig Kaiserlichen Werft in Wilhelmshaven, Herrn Geh. Marinebaurat Pophanken für die tatkräftige Förderung meiner Bestrebungen zur Überwachung und Verbesserung des Dampfkesselbetriebes der Kaiserlichen Werft, bei welcher Gelegenheit hauptsächlich die hier wiedergegebenen praktischen Erfahrungen gesammelt wurden.

München, im Juni 1921.

Dr. Ing. Hans Thoma.

Inhaltsverzeichnis.

Einleitung.

Die Vorteile des Hochleistungskessels, die Betriebsschwierigkeiten bei hoch beanspruchten Kesseln und die Methoden zur Erforschung der wärmetechnischen Probleme des Dampfkesselbaues.

Die Entwicklung der neuzeitlichen Elektrizitätsversorgung hat bekanntermaßen dazu geführt, die Elektrizitätserzeugung möglichst zu zentralisieren und auch ausgedehnte Versorgungsgebiete aus wenigen großen Kraftwerken zu speisen. Praktische und wirtschaftliche Gesichtspunkte drängen dabei zur Anwendung immer größerer Maschineneinheiten. Mit der Einführung weniger großer Stromerzeuger an Stelle der früher gebräuchlichen zahlreichen kleineren und mittleren Maschineneinheiten wird der Betrieb vereinfacht, außerdem wird durch diese Maßnahme die Kurzschlußsicherheit der Zentrale ganz beträchtlich gehoben. Schon aus diesem Grunde wird man neu zu erbauende Anlagen nach Möglichkeit so einrichten, daß die geforderte Leistung mit höchstens 4 bis 6 Maschinen erreicht wird. Die Sicherheit des Betriebes wird auch aus anderen Gründen bei einer mäßigen Zahl großer Einheiten eine bessere sein, als bei der Anwendung allzu zahlreicher kleinerer Maschinen. Es wird ja naturgemäß die Übersicht des Kraftwerkes außerordentlich erleichtert, wenn die Gesamtanlage des Werkes so einfach als möglich gestaltet wird. In einem möglichst einfach und übersichtlich gebauten Werke kann der Betriebsleiter nicht nur Störungen und Mängel schnell auffinden und in kurzer Frist beheben, sondern er vermag häufig Fehlerquellen an Rohrleitungen, Ventilen, Hilfsmaschinen und den zahlreichen sonstigen Einrichtungen des Werkes so frühzeitig zu entdecken, daß Störungen gänzlich vermieden werden. Schließlich sind es auch wirtschaftliche Gesichtspunkte, welche zu einer Verringerung der Maschinenzahl drängen. Freilich ist es vielleicht weniger der Umstand, daß große Maschinen an sich ökonomischer arbeiten — hier ist wenigstens vorläufig ein gewisser Abschluß erreicht, wenn man bei Maschineneinheiten von 10 000 KVA angelangt ist — als vielmehr die bedeutende Ersparnis an den Löhnen für die Bedienung und den sonstigen Nebenkosten, wie z. B. Kondensationsverlusten in verwickelten und weitläufigen Dampfleitungen.

Diese Entwicklung zu immer größeren Maschineneinheiten ist heute schon weit fortgeschritten, namentlich in der Richtung des Baues großer Dampfturbosätze; man ist hier bei Einheiten von 60 000 KVA angelangt. Schwierigkeiten macht es nun, derartig großen Maschinen auch hinreichend leistungsfähige Dampfkesseleinheiten gegenüberzustellen. Man braucht zur Dampflieferung für so große Maschineneinheiten eine ganze Batterie von Dampfkesseln, welche schon ein vielfaches Mehr als die Maschinen an Grundfläche und Gebäuderaum beanspruchen. Es ist ferner einleuchtend, daß die große Zahl von Kesseln eine höchst unerwünschte Komplikation der Rohrleitungs- und Hilfsmaschinenanlagen mit sich bringt. Aus diesem Grunde tritt an den Dampfkesselkonstrukteur mit wachsender Leistungssteigerung der Maschineneinheiten immer von neuem und immer dringlicher die Aufgabe heran, auch ähnlich leistungsfähige Großdampfkessel zu erbauen. Andererseits hat schon jeder Betriebsleiter, welcher mit hoch beanspruchten Wasserrohrkesseln zu tun gehabt hat — aus später zu erläuternden Gründen kommen für Hochleistungskessel heute nur noch Wasserrohrkessel in Betracht —, die Erfahrung gemacht, daß man mit der Beanspruchung der Heizflächen schon bei einem Höchstmaß angelangt ist, wie die oft zu beobachtenden Defekte an Wasserrohren und die vielen Instandsetzungsarbeiten am Mauerwerk und an den Rosten hoch beanspruchter Kessel beweisen. Vom Standpunkt des Betriebsleiters aus möchte man daher verlangen, daß im Interesse der Betriebssicherheit die Beanspruchung der Heizflächen, des Mauerwerkes und der Roste keinesfalls noch weiter getrieben werden sollte.

Ein genaueres Studium derartiger Erfahrungen zeigt aber, daß namentlich die Rohrdefekte nur in den ersten Rohrreihen auftreten und auch hier eigentlich nur, wenn bei der periodisch wiederkehrenden Innenreinigung der Rohre der Kesselstein nur unvollkommen entfernt wurde, was freilich ein im praktischen Betrieb oft schwer zu vermeidender Mangel ist. Wenn eine derartige Kesselsteinablagerung im Laufe der Zeit zu einer starken Kruste anwächst, so bedingt sie in der Regel ein Bersten des Rohres, wenn dieses in einer der ersten Rohrreihen liegt und durch das Feuer stark beansprucht wird.

In den rückwärtigen Rohrreihen sind dagegen so gut wie nie Defekte zu beobachten, ausgenommen bei groben Materialfehlern und ausgenommen ferner die Korrosions- oder Rosterscheinungen, welche von einer chemischen Einwirkung gewisser Speisewasserarten auf die eisernen Rohrwandungen herrühren. Diese Korrosionserscheinungen sind aber in schwach beanspruchten oder oft kaltstehenden Kesseln am deutlichsten ausgeprägt, ja sie sind bekanntlich am schlimmsten in Speisewasserleitungen, die einer thermischen Beanspruchung durch die Heizgase überhaupt entzogen sind. Neuerdings ist versucht worden, gewisse auffällige Korrosionserscheinungen mit der Tätigkeit rostbildender Algen, die im Speisewasser vegetieren sollen, zu erklären. Damit wäre auch klargestellt, daß gerade die nicht beheizten und niedrigere Temperaturen aufweisenden Rohre den oft außerordentlich lästigen Korrosionserscheinungen so stark ausgesetzt sind.

Unter Würdigung der vorstehenden betriebstechnischen Gesichtspunkte wird man daher die Aufgabe der Leistungssteigerung bei Dampfkesseln richtiger so fassen: Wie ist es möglich, die Leistung der bei den üblichen Konstruktionen nur wenig beanspruchten rückwärtigen Rohrreihen zu erhöhen? Die ersten Rohrreihen sollen dabei keinesfalls höher beansprucht werden, wenn irgend möglich, wären sie zuungunsten der folgenden Reihen zu entlasten.

Eine Entlastung der ersten Rohrreihen, welche bekanntlich sehr stark durch die unmittelbar vom Feuer ausstrahlende Wärme beansprucht werden, läßt sich nun zweifellos, wie noch später erläutert werden soll, dadurch erzielen, daß man in möglichst geräumig bemessenen Verbrennungskammern reichlich große Rohrflächen dem Feuer zur Aufnahme der strahlenden Wärme der Flammen und der glühenden Kohlenschicht gegenüberstellt. Durch diese Maßnahme wird nicht nur die vom Feuer ausgestrahlte Wärme auf größere Flächen verteilt und so die aus ihr hervorgehende Beanspruchung der ersten Rohrreihen gemildert, sondern es wird auch überhaupt die Temperatur der Feuergase, sowie diese aus der Feuerkammer austreten und in das erste Rohrbündel gelangen, herabgesetzt, was zur Schonung der ersten Rohrreihen beiträgt. Außerdem wird vermutlich eine mäßige Herabsetzung der bei Verfeuerung guter Steinkohlen und bei großen Ausmaßen des Verbrennungsraumes sehr hohen Feuerraumtemperatur die Verbrennung beschleunigen, weil bei allzu hoher Temperatur schon die Dissoziation der Heizgase fühlbar wird und die Verbrennungsgeschwindigkeit herabsetzt[1]).

Schließlich — und das wird nicht der unwichtigste Gesichtspunkt sein — hat eine Herabsetzung der Feuerraumtemperaturen eine Minderung des Abbrandes der Mauerung zur Folge, was recht vorteilhaft ist, da die Kosten einer häufigen Erneuerung des verbrannten Mauerwerkes bei hochbeanspruchten Kesseln recht erheblich sind.

Die Aufgabe, systematisch eine Entlastung der ersten, bei den heutigen Kesselbauarten praktisch fast alle Defekte veranlassenden

---

[1]) Kohlensäure und Wasserdampf zersetzen sich bei hoher Temperatur teilweise in ihre Elementarbestandteile Wasserstoff, freien Sauerstoff und in Kohlenoxyd. Diese Zersetzung oder Dissoziation wird erst bei Temperaturen über 1500° fühlbar, bei erheblicher Steigerung der Temperatur über diese Grenze wächst sie schnell an und bedingt die Zersetzung großer Anteile der verbrennenden Gase; vgl. hierzu die Tabelle auf S. 95.

Rohrreihen durchzuführen, wird daher bei Ausbildung entsprechender Kesselkonstruktionen keine allzu großen Schwierigkeiten oder Umstände machen.

Verwickelter ist dagegen die Aufgabe, eine Leistungssteigerung bei den in der Regel sehr wenig beanspruchten und daher unwirtschaftlich arbeitenden rückwärtigen Rohrreihen durchzuführen. Diese wichtige Aufgabe kann nun offenbar nur gelöst werden, wenn die Gesetze des Wärmeüberganges und insbesondere des Wärmeüberganges an Rohrbündeln, wie sie die praktische Technik heutzutage verwendet, hinreichend erforscht werden. Leider weiß man über diese Dinge sehr wenig und jedenfalls nichts, was systematisch geordnet wäre und einen tieferen Einblick in die verwickelten Vorgänge des Wärmeüberganges gestatten würde. Es gibt zwar gewisse Rechnungsverfahren für den Wärmeübergang, welche mit den bekannten im folgenden noch näher zu erörternden Wärmeübergangszahlen arbeiten. Aber alle auf diesem Wege erzielten Rechnungsergebnisse müssen mit sehr weitgehend veränderlichen willkürlichen Koeffizienten versehen werden. Denn die Einheit der Heizfläche zeigt bei geringer Veränderung des Kessels — oder allgemein gesagt der Heizkörperkonstruktion — bei unveränderlich gedachten Heizgas- und Wassertemperaturen eine ganz verschiedene, oft doppelt oder dreifach größere oder kleinere Wärmeaufnahme, ohne daß die Umstände, welche diese Verschiedenheit bedingen, genügend geklärt wären. Genau kann man dem Wesen dieser auf den ersten Blick erstaunlichen Veränderlichkeit der Wärmeübergangszahlen gerecht werden, wenn man ausspricht, daß je nach der Art und Weise, wie namentlich die mechanische Strömung der Heizgase an den Heizflächen erfolgt, ganz verschiedene Leistungen des Heizapparates oder Kessels erzielt werden. Wie im folgenden Abschnitt noch näher erläutert werden soll, sind tatsächlich Fälle denkbar, bei denen in einem kleinen Kessel eine größere Leistung oder auch eine bessere Ausnutzung des Brennstoffes erreicht wird als mit einem großen und teueren Kessel ähnlicher Bauart, bei welchem die Anordnung der Wasserrohre, der Führungswände für die Heizgase usw. weniger glücklich gewählt ist. Die systematische Erforschung der Strömungsvorgänge in den Heizgasen und zwar sowohl der mechanischen Strömung als auch der Wärmeströmung und ihre gegenseitige Abhängigkeit, verschafft uns in der Tat einen Einblick in ganz unerwartete und bisher ganz unbekannte Erscheinungen.

Daher soll die experimentelle Klärung der Strömungsvorgänge in Rohrbündeln, welche nach den oben gegebenen Gesichtspunkten für die Beurteilung des Wärmeübergangs maßgebend sein müssen, in folgendem unsere erste Aufgabe sein. Damit stellen wir uns freilich in bewußten Gegensatz zu der älteren Theorie des Wärmeübergangs, welche, wie schon erwähnt, mit Hilfe der sogenannten Wärmeübergangszahlen den Wärmeübergang hauptsächlich aus der Größe der Heizfläche und der Größe der Temperaturdifferenz zwischen Heizgas und Rohrwand berechnen will, ohne sich um die Einzelheiten der Strömungserscheinungen zu kümmern. Abgesehen davon, daß die praktische Erfahrung zeigt, daß dieses gewissermaßen schematische Rechnungsverfahren zu keinen neuen Erkenntnissen führt und keinen Fortschritt zeitigen kann, ergibt auch eine Betrachtung derartiger Rechnungsmethoden, daß auf rein rechnerischem Wege außer einigen Ähnlichkeitsschlüssen so gut wie gar nichts Sicheres erreicht werden kann.

Einfache Experimente, wie sie im folgendem noch näher beschrieben werden sollen, überzeugen uns, daß die mechanischen Strömungen wie auch die Wärmeströmungen in Heizkörpern so verwickelt verlaufen, daß man auch gar nicht erwarten kann, für die technischen Probleme des Wärmeüberganges eine umfassend gültige theoretische Darstellung zu finden.

Überhaupt ist die theoretisierende Behandlung technischer oder naturwissenschaftlicher Aufgaben zu verwerfen, solange nicht einwandfrei klargestellt ist, daß die angewandte Theorie auch auf sicheren Grundlagen aufgebaut ist. Zweifelhafte Theorien führen den Ingenieur leicht auf Irrwege und versperren ihm den Ausweg zur richtigen Straße des Fortschrittes. Beispielsweise hat man, auf dem anscheinend von unserer Aufgabe entfernten, in Wirklichkeit aber doch verwandten Gebiete des Wasserturbinenbaues jahrzehntelang gemeint, mit Hilfe der sogenannten Wasserstraßentheorie die Wasserströmungen in Turbinenlaufrädern bis auf Einzelheiten voraussagen und beherrschen zu können. Auch bei der Anstellung von Turbinenproben hat diese Wasserstraßentheorie verheerend gewirkt, indem sie den Versuchsingenieur immer wieder veranlaßte, in ganz bestimmter, einseitiger Richtung fortzuarbeiten. Nachdem man sich aber langsam zu der Erkenntnis durchgerungen hatte, daß die Wasserstraßentheorie mit größter Vorsicht aufzunehmen ist, hat man wieder mehr Wert auf systematische Versuche gelegt, die auch nebenher zu dem Ergebnis führten, daß oft die Strömung eine ganz andere ist, als man früher gemeint hatte. Erst nachdem man sich so von den Ketten zweifelhafter theoretischer Überlegungen losgemacht hatte, gelang es, Wasserturbinen von einer bisher unbekannten Leistungsfähigkeit zu bauen.

Ganz ähnlich liegen wohl die Verhältnisse bei den Problemen des Wärmeübergangs an Heizkörpern. Bei genauerer Überlegung findet man nämlich, daß dieses Gebiet eng zusammenhängt mit der technischen Strömungslehre der Flüssigkeiten oder Gase. Die Heizgase strömen wie eine Flüssigkeit um die Wasserrohre und es liegt auf der Hand, daß die Strömungsform der Heizgase grundlegenden Einfluß auf den Wärmeübergang haben muß. Nachdem schon die Erforschung der mechanischen Strömung für sich allein und ganz abgesehen von den Komplikationen, welche dazu noch die Frage des Wärmeüberganges mit sich bringt, ohne geeignete Versuche unmöglich ist, wird es unsere Aufgabe sein, nach passenden Versuchsmitteln zu spähen, um eine bessere Vorstellung von dem komplizierten Mechanismus der Flüssigkeitsströmung und der damit zusammenhängenden oder geradezu durch die Flüssigkeitsströmung bedingten Wärmeströmung zu gewinnen.

Anschauliche Versuche haben nun, trotz der Abneigung vieler Praktiker gegen Versuchsarbeiten, eine überragende praktische Bedeutung. Denn der Ingenieur, an welchen die Aufgabe herantritt, eine neue und bessere Maschine zu konstruieren, muß zweierlei Kenntnisse besitzen. Erstens muß er über die Naturerscheinungen und die physikalischen Vorgänge und ihre Gesetzmäßigkeiten, welche für die Konstruktion der Maschinen von grundlegender Bedeutung sind, eine ebenso klare als anschauliche Vorstellung haben. Mit Formelzeichen und nackten Gleichungen kann der Konstrukteur allein nichts anfangen. Es genügt nicht, wenn er das Gebäude der physikalischen Erscheinungen in wenigen kurzen Zahlenbeziehungen kennt. Vielmehr muß er sich für sein ganzes Arbeitsgebiet eine anschauliche und plastische Vorstellung über das Getriebe und die zahllosen Beziehungen der einzelnen Rechnungsgrößen zueinander verschaffen. Denn nur an Hand umfassender und lebendiger Kenntnisse und Anschauungen ist es tatsächlich möglich, zahllose konstruktive Kombinationen, wie sie nun einmal immer möglich sind, zu durchdenken oder in Skizzen körperähnlich darzustellen. In der Regel ergibt sich erst aus einer langen Reihe derartiger konstruktiver Versuche eine für die Praxis und für den Betrieb brauchbare Lösung der Aufgabe.

Da schließlich Eignung und Bewährung der Maschinen im Betriebe entscheidend sind für ihren Wert oder Unwert, muß der Konstrukteur zweitens auch mit allen Anforderungen des Betriebes und allen Schwierigkeiten, die bei ähnlichen Maschinen aufzutreten pflegen, bekannt sein. Diese Gesichtspunkte gelten nun nicht nur für den Dampfkesselkonstrukteur, sie gelten auch für den Käufer und für alle, die mit der Maschine zu tun haben. Ganz gleichgültig, ob es sich nun um eine Dampfturbine oder um Dampfkessel handeln mag, ist es wesentlich, zunächst von der Arbeitsweise eine genaue und zutreffende Vorstellung zu gewinnen und außerdem einen Überblick über Betriebserfahrungen zu besitzen. Dabei genügt aber nicht die Kenntnis einzelner Erfahrungen und Vorkommnisse, wie sie in jedem Betrieb in Hülle und Fülle auftreten, sondern man muß versuchen, solche Erfahrungen nach einheitlichen Gesichtspunkten geordnet zu sammeln und als Richtlinien aufzustellen. Aus diesem Grunde werden wir uns im Schlußabschnitt eingehend mit der Praxis des Dampfkesselbetriebes befassen. Dabei sollen die Wünsche, die der Betriebsleiter gegenüber den einzelnen Kesselkonstruktionen haben könnte, zur Sprache gebracht werden. Es kommt dies nicht auf eine Einzelbeschreibung von Konstruktionen heraus, sondern es genügt oder es ist sogar richtiger, wenn die wichtigeren Merkmale der verschiedenen Kesselbauarten hervorgehoben werden, ihre betriebliche Bewährung untersucht und an Hand der vorliegenden Erfahrungen Vorschläge für ihre Fortentwicklung gemacht werden.

Wir werden uns daher in den folgenden Abschnitten zuerst mit den grundlegenden Fragen des Wärmeübergangs in Rohrbündeln befassen und darauf prüfen, wie weit es betriebstechnisch und wirtschaftlich möglich ist, die Leistung von Großdampfkesseln zu steigern. Dabei wäre dann auch festzustellen, nach welchen Gesichtspunkten die bekannten Konstruktionen von Hochleistungskesseln zu beurteilen sind.

Erster Abschnitt.

Wärmetechnische Betrachtungen und Versuche.

I. Der Wärmeübergang in Heiz- und Wasserrohrbündeln.

1. Der Wärmeübergang durch Strahlung und die natürliche Grenze in der Ausnützung der Wärmestrahlung. Für die Beurteilung der Zweckmäßigkeit der Konstruktion eines Dampfkessels oder eines Heizapparates überhaupt ist es von grundlegender Bedeutung, über die Größe des Wärmeaustausches zwischen den aus der Feuerung ausströmenden erhitzten Heizgasen und den Heizflächen sicheren Aufschluß zu erhalten. Die Technik unterscheidet nun zwei Arten des Wärmeaustausches, und zwar erstens den Wärmeaustausch durch Wärmestrahlung, wie er bei hocherhitzten Körpern, etwa bei der glühenden Kohlenschicht auf dem Rost oder bei der strahlenden Wärmewirkung glühender Rußteilchen in einer Flamme besonders deutlich zu bemerken ist, und ferner den Wärmeübergang durch Berührung.

Die Wärmestrahlung pflanzt sich, wie schon der Name andeutet, ähnlich wie die allbekannte und sichtbare Lichtstrahlung geradlinig vom glühenden Körper zur Heizfläche fort und ist praktisch unabhängig von dem Strömungszustand und der Temperatur der zwischen beiden liegenden Luftschichten, es sei denn, daß diese etwa mit undurchsichtigen Körpern, wie z. B. Rauch angereichert seien, welche einen Teil der Wärmestrahlung unterwegs absorbieren. Physikalisch sind auch Wärmestrahlung und Lichtstrahlung nahe verwandt; beide sind nach dem heutigen Stande unserer Kenntnisse elektromagnetische Wellen und unterscheiden sich nur durch die Verschiedenheit der Wellenlängen, welche bei dem sichtbaren Licht 0,4 bis 0,8, bei den Wärmestrahlen 2 bis 4 Tausendstel Millimeter betragen. Das menschliche Auge reagiert nur auf die Wellenlängen, wie sie dem sichtbaren Licht eigen sind. Die Wärmestrahlung kann man dagegen unmittelbar nur durch ihre Wärmewirkung auf der Haut empfinden.

Daß die Wärmestrahlung mit den zwischen den strahlenden und bestrahlten Körpern gelegenen Luftmassen nichts zu tun hat, ist leicht nachzuweisen. Stellt man sich in einiger Entfernung von einer mit einer leicht zu öffnenden Tür versehenen Feuerung auf, z. B. vor einer Dampfkesselfeuerung oder noch besser vor einem Glühofen, und läßt die Tür schnell öffnen, so empfindet man, auch wenn man in größerer Entfernung von der Tür steht, die strahlende Wärme durchaus gleichzeitig mit dem Öffnen der Feuertür. Eine einfache Überlegung zeigt, daß in dem kurzen Moment des Türöffnens unmöglich die Luftmassen des Raumes erwärmt werden können, und so ist es augenscheinlich, daß die Wärmestrahlung mit der dazwischenliegenden Luft nichts zu tun hat, außer daß in der Luft, zumal wenn sie mit Rauch geschwängert ist, ein kleiner Teil der Strahlung absorbiert, d. h. abgefangen wird und eine geringfügige, kaum meßbare Erwärmung der Luft bewirkt. In der Regel ist aber diese Wärmeabsorption in der Luft völlig zu vernachlässigen, so daß sich auch auf größere Entfernung die Wärmestrahlung in Luft genau so wie im luftleeren Raum ausbreitet. Die Geschwindigkeit der Ausbreitung der Wärmestrahlen ist dabei gleich der Lichtgeschwindigkeit, das sind 300 000 km/sec. Wenn man sich in der geschilderten Weise vor die Dampfkesselfeuerung stellt, so empfindet die Haut des Beobachters die Wärmestrahlung in demselben Moment, in welchem der sichtbare Feuerschein aus der geöffneten Türe das Auge erreicht und die Öffnung der Feuertür anzeigt. Für die vorliegenden technischen Zwecke erfolgt also die Ausbreitung der Wärmestrahlung ebenso wie die des Lichtes praktisch momentan.

Im übrigen läßt sich die infolge ihrer Verwandtschaft und Ähnlichkeit mit dem sichtbaren Licht unschwer zu veranschaulichende Wärmestrahlung verhältnismäßig leicht nach dem Stefan-Boltzmannschen Gesetz berechnen. Dieses Gesetz sagt aus, daß die stündlich von der Fläche F welche die absolute Temperatur T hat, ausgestrahlte Wärmemenge Q gleich ist:

$$Q = C \cdot F \cdot \left(\frac{T}{100}\right)^4.$$

C ist dabei die Strahlungszahl, welche für glühende Kohle zu 4 cal/m²st angegeben wird.

Zu beachten ist, daß nicht nur der wärmere Körper auf den kälteren Wärme ausstrahlt, sondern auch der kältere auf den wärmeren. Bei größeren Temperaturunterschieden kann man jedoch letzteren Anteil vernachlässigen. Wenn der ausstrahlende Körper nicht gänzlich von dem die Strahlung aufnehmenden Körper umgeben wird, bleibt für den Übergang durch Strahlung nur ein gewisser Raumwinkel übrig, in welchem die Strahlung von dem erwärmten Körper zu dem kühleren übergehen kann. Je größer dieser Raumwinkel ist, desto mehr strahlt der erwärmte Körper aus. Wenn man beispielsweise der glühenden Kohlenschicht auf einem Roste eine größere Ansichtsfläche der Wasserrohrbündel gegenüberstellt, wird der Wärmeübergang durch Strahlung vermehrt und zwar in demselben Maße wie der Raumwinkel, unter dem von den verschiedenen Stellen des Rostes aus betrachtet die Ansichtsfläche der Wasserrohrbündel im Mittel vergrößert wird. Wesen und Einfluß der Wärmestrahlung kann sich daher der Kesselkonstrukteur leicht veranschaulichen und eine rechnerische und zahlenmäßig genaue Untersuchung derselben ist selten nötig. Man pflegt daher auch bei der Angabe der Wärmeübergangszahlen schlechthin die Strahlung gänzlich auszuschließen oder einer besonderen Rechnung vorzubehalten und hat nur den keineswegs minder wichtigen, dabei aber viel schwerer durch Schätzung zu ermittelnden Wärmeübergang durch Berührung der Heizflächen mit den erwärmten Heizgasen im Auge.

Der Wärmeaustausch durch Strahlung hängt, wie wir gesehen haben, außer von den Temperaturen nur von der räumlichen Lage und den Ausmaßen der den Feuerraum begrenzenden Heizflächen ab. Mit Hilfe der schon erwähnten weitgehenden Analogie zu der allbekannten sichtbaren Lichtstrahlung kann sich der Dampfkesselkonstrukteur leicht ein Bild davon verschaffen, welche baulichen Maßnahmen in der Anordnung der dem Feuerraum benachbarten Heizflächen zu einer Mehrung oder Minderung des Wärmeaustausches durch Strahlung geeignet sind. Es wäre wärmetechnisch für den Dampfkesselkonstrukteur nicht unmöglich, den Wärmeaustausch durch Strahlung fast beliebig zu steigern. Man müßte dazu nur die ausstrahlende Oberfläche des Feuers hinreichend vergrößern, indem man die Kohlen etwa auf schmalem, langgestrecktem Rost in geringer Schichthöhe zur Verbrennung bringt und diesen Rost allseitig mit Heizflächen umgibt, ihn etwa in einem langen Flammrohr unterbringt. Tatsächlich ist es aber unmöglich, durch solche oder ähnliche Maßnahmen die Wärmenutzung durch Strahlung über eine mäßige Grenze zu steigern. Alle Maßnahmen, welche den Wärmeübergang durch Strahlung begünstigen, führen dazu, die Temperatur des Feuerraumes und der glühenden Kohlenschicht auf dem Roste herabzusetzen. Wenn man damit zu weit geht, wird die Verbrennung unvollkommen, indem stellenweise die Flamme unter die Entzündungstemperatur, unterhalb welcher die Verbrennung der Kohle zum Stillstand kommt, abgekühlt wird. Starke Rauch- und Rußbildung sind die äußeren Kennzeichen zu stark abgekühlter Feuerräume. Bei noch weiter gesteigertem Wärmeentzug durch Wärmestrahlung kommt die Verbrennung gänzlich zum Stillstand. Breitet man beispielsweise brennende Nußkohle 4[1]) auf einem Dampfkesselrost in nur 20 mm Schichthöhe aus, so erlischt dieselbe alsbald, und zwar auch bei normaler Luftzufuhr, ohne auszubrennen. Der Grund ist darin zu suchen, daß der Wärmeverlust der dünnen glühenden Kohlenschicht durch Wärmeausstrahlung verhältnismäßig viel größer ist als bei der üblichen Schichthöhe von 150 mm. Der Betrag der Wärmestrahlung aus der Kohlenschicht ist, wenn der Rost völlig bedeckt gefahren wird, nur von der Größe und der Temperatur der Oberfläche abhängig und bei großer und kleiner Schütthöhe der Kohle derselbe. Eine ungewöhnlich dünne glühende Brennstoffschicht kann durch Verbrennung nicht soviel Wärme entwickeln, als bei der mindestens notwendigen Zündtemperatur von etwa 800° durch die Wärmestrahlung an die Heizflächen verloren geht. Daher kühlt sich die zu dünne Brennstoffschicht alsbald unter die Entzündungstemperatur ab, womit die Verbrennung völlig aufhört, und die Kohle schnell erkaltet ohne auszubrennen. Aus diesem Grunde kann man in der Dampfkesselfeuerung dem Feuer nur einen kleinen Anteil, auch bei der besten Steinkohle kaum mehr als ein Drittel, seiner Verbrennungswärme durch Strahlung entziehen. Der Hauptanteil der Verbrennungswärme der Kohlen muß aus dem angegebenen Grunde notwendigerweise zur Erwärmung der Heizgase auf 1000—1800° verwendet werden, und die von den aus dem Feuer austretenden Heizgasen mitgeführte Wärme läßt sich nicht mehr durch Strahlung nutzbar machen, — Wärmestrahlung ist nur zwischen festen und undurchsichtigen Körpern zu beobachten, — sondern man muß durch Berührung mit den Kesselheizflächen diese mitgeführte Wärme aus den Heizgasen wiedergewinnen. Wärmeübergang durch Strahlung an die rückwärts gelegene Kesselheizfläche ist vielmehr nur indirekt möglich, etwa indem man in den Heizgasstrom feste Körper, wie Mauersteine oder gemauerte Wände einführt, welche zunächst durch Berührung den Heizgasen Wärme entziehen und diese sodann an die eigentlichen Kesselheizflächen ausstrahlen. Die Wirkung dieser indirekten Strahlung ist aber gering und kaum steigerungsfähig, weil bei den in Betracht kommenden kleineren Temperaturdifferenzen der Strahlungseffekt klein ist, da er ja der 4. Potenz der absoluten Temperatur proportional ist und damit bei kleineren Temperaturdifferenzen sehr gering ausfällt, wie aus einer Betrachtung der Formel auf S. 8 ohne weiteres hervorgeht. Die

---

[1]) Nußkohle 4 hat eine Korngröße von 10 bis 15 mm.

möglichst zu steigernde Wirtschaftlichkeit der Dampferzeugung verlangt, daß die Wärme der verbrannten Kohle bis auf einen kleinen Verlust nutzbar gemacht werde. Wenn erst einmal die Heizgase nach Berührung mit den ersten Heizflächen den größten Teil ihrer Wärme abgegeben haben, nähert sich ihre Temperatur immer mehr der Kesseltemperatur, und der Wärmeübergang verlangsamt sich. Man muß daher zur hinreichenden Auskühlung der Heizgase verhältnismäßig große Heizflächen vorsehen.

Eine wichtige und schwierige Aufgabe ist es daher, die Berührungsheizflächen möglichst günstig anzuordnen. Mit den damit zusammenhängenden Fragen werden wir uns in dem folgenden Abschnitte eingehend zu befassen haben.

2. Der Wärmeübergang durch Berührung und die Schwierigkeiten systematischer Wärmeübergangsversuche. Schon bald nach der Erfindung und praktischen Verwertung der Dampfmaschine und des Dampfkessels haben die damaligen Kesselkonstrukteure erkannt, daß die weitestgehende Ausnutzung der Heizgase erreichbar ist, wenn man sie mit Rohrbündeln als Heizflächen in Berührung bringt. Entweder läßt man die Heizgase durch das Innere zahlreicher, verhältnismäßig enger Heizrohre hindurchstreichen, welche außen vom Kesselwasser gekühlt werden, oder aber man läßt die Heizgase von außen die Rohre von Wasserrohrbündeln bespülen, in welchen innerlich das Kesselwasser zirkuliert. In Verbindung mit Flammrohren, Feuerbuchsen, runden Ober- und Unterkesseln und flachen oder rohrförmigen Wasserkammern sind aus den ursprünglichen einfachsten Heiz- und Wasserrohrkesseln zahlreiche Kesselkonstruktionen entstanden.

Welche praktischen Gesichtspunkte für die Beurteilung von Kesselkonstruktionen von Bedeutung sind, wird uns später beschäftigen. Es sei nur kurz bemerkt, daß der Wasserrohrkessel als hoch beanspruchter Land- oder Schiffskessel unleugbare Vorteile hat. Vorerst soll aber nur die Frage nach den wärmetechnischen Eigenschaften solcher Heizoder Wasserrohrbündel beantwortet werden. Die Herstellung der großen Rohrsysteme, wie sie allen diesen Kesseln eigen ist, erfordert erhebliche Kosten, und es ist für die Konstruktion und die Beurteilung leistungsfähiger Kessel von größter Wichtigkeit, zu wissen, wie die Heizflächen zweckmäßig anzuordnen sind, um mit gegebenen Ausmaßen die beste Wärmenutzung zu erreichen. Es wird damit die Frage aufgeworfen nach dem Betrag der durch Berührung mit den Heizgasen unter den jeweils vorliegenden baulichen Verhältnissen übertragbaren Wärmemenge. In der Technik pflegt man die Größe des Wärmeüberganges durch Berührung in Wärmeübergangszahlen zu fassen. Unter Wärmeübergangszahl versteht man in diesem Sinne die Wärmemenge, welche auf 1 qm der Heizfläche stündlich übergeht, wenn zwischen den Heizgasen und der Heizfläche ein Temperaturunterschied von 1° C besteht. Man nimmt dabei an, daß auch bei größeren Temperaturunterschieden der Wärmeübergang der Größe des Temperaturunterschiedes proportioniert sei, und die Wärmeübergangszahl sollte daher unmittelbar die wärmetechnischen Eigenschaften der Heizflächen bewerten. Die Proportionalität zwischen Wärmeübergang und Temperaturunterschied der Heizflächen und Heizgase wird auch tatsächlich mit genügender Näherung erreicht bei der sog. unselbständigen Luft- oder Gasströmung, bei welcher die mechanische Bewegung der Heizgase hauptsächlich durch Saug- oder Druckwirkung eines getrennt aufgestellten Ventilators oder eines Schornsteines hervorgebracht wird und bei welcher die Luft- oder Gasbewegung infolge des Auftriebes der erwärmten Gase innerhalb des Heizkörpers verhältnismäßig klein ist. Bei der selbständigen Gasströmung, bei welcher ausschließlich der Auftrieb der erwärmten Gase an den Heizflächen selbst die mechanische Gasströmung hervorruft, ist dagegen die Wärmeübergangszahl stark abhängig vom Temperaturunterschied, und zwar steigt die Wärmeübergangszahl beträchtlich bei Vergrößerung des Temperaturunterschiedes. Dies erklärt sich daraus, daß bei größeren Temperaturunterschieden die Gasströmung lebhafter wird, was, wie noch näher erklärt wird, den Wärmeübergang fördert. Da für den Dampfkesselbau mit seinen hohen, durch Ventilatoren oder große Schornsteine erzeugten Heizgasgeschwindigkeiten — abgesehen von einigen Sonderfällen wie z. B. gewissen Speisewasservorwärmern — die selbständige Strömung gegenüber der unselbständigen zurücktritt, wollen wir uns hier ausschließlich mit der letzteren befassen.

Die in der Technik gebräuchliche Wärmeübergangszahl umfaßt und beschreibt, wie schon jetzt bemerkt sei, sowohl den Wärmeübergang durch Wärmeleitung, welche den Gasen genau wie den festen Körpern eigen ist, als auch die Wärmekonvektion, das ist der Wärmeübergang durch die Bewegung und Wanderung der erwärmten Heizgasvoluminas innerhalb der heizgaserfüllten Räume. Vielleicht richtiger gesagt, soll die Wärmeübergangszahl den gesamten Wärmeaustausch der Heizflächen mit den Heizgasen — unter Ausschluß der unmittelbar vom Feuer ausgestrahlten Wärme — darstellen, ohne daß man sich näher auf eine Zergliederung des Mechanismus des Wärmeüberganges einläßt, oder ohne daß man überhaupt danach fragt, was für den Wärmeübergang die an ruhenden Gasen zu beobachtende Wärmeleitfähigkeit der Heizgase oder die in strömenden Heizgasen daneben noch auftretende Wärmekonvektion zu bedeuten hat.

Trotz dieser umfassenden praktischen Wichtigkeit einer genauen Kenntnis der Wärmeübergangszahlen und ihrer Abhängigkeit von der Gestaltung der Heizflächen, der Temperatur und Geschwindigkeit der

Heizgase ist sehr wenig Zuverlässiges über diese Fragen bekannt. Eine rechnerische Behandlung ist für den bei technischen Aufgaben fast ausschließlich vorliegenden Fall der turbulenten, d. h. von periodisch wiederkehrenden Wirbeln durchsetzten Gas- bzw. Luftströmung unmöglich, da die Differentialgleichungen für den Wärmeübergang viel zu verwickelt sind, als daß auch nur für die einfachsten Aufgaben an eine allgemein gültige Lösung gedacht werden könnte, zumal da auch schon die Gas- und Luftströmung bei turbulenten Strömungen unbekannte Formen hat und rechnerisch im einzelnen nicht verfolgt werden kann. Eine rechnerische Behandlung dieser Fragen führt daher nur zu einer Dimensionsbetrachtung, die zwar auch wertvoll sein mag, aber keinen Überblick über die meist eng gesteckten Grenzen der gerade durch Versuchsarbeit erforschten Gebiete hinaus gestattet und uns auch sehr wenig über den Mechanismus des Wärmeüberganges aussagt. Außerdem ist überhaupt an verläßlichen Versuchsresultaten nur sehr wenig zu finden, was bei den großen praktischen Schwierigkeiten, welche Wärmeübergangsmessungen machen, nicht zu verwundern ist. Aber auch wenn man sich auf die Auswertung der wenigen gut und sorgfältig ausgeführten Wärmeübergangsversuche beschränkt, scheint es unmöglich, einen Überblick über die Erscheinungen des Wärmeüberganges zu gewinnen. Vergleicht man nämlich die bei verschiedenen Gelegenheiten mit wechselnden Rohrdurchmessern oder Temperaturen oder mit geringfügigen Änderungen der Gesamtanordnung gewonnenen Meßergebnisse, so ergeben sich scheinbar unüberbrückbare Widersprüche. Offenbar ist es auch auf rein experimentellem Wege, ebenso wie auf rechnerischem, unmöglich, Klarheit über die verwickelten Erscheinungen des Wärmeüberganges zu schaffen. Bei der Durchsicht solcher Versuchsresultate kann man sich des Gefühls nicht erwehren, als ob man an mancherlei Erscheinungen gewissermaßen mit verbundenen Augen vorüberginge und jederzeit auf unerwartete Ergebnisse gefaßt sein müßte. Wir werden es daher unternehmen, auf einem ganz anderen Wege zum Ziel zu gelangen; als Ausgangspunkt der Untersuchung sollen uns die physikalischen Grundanschauungen dienen, welche uns die neuzeitliche Molekularphysik von dem Wesen der Wärme und den Eigenschaften der Gase übermittelt hat.

3. Kinetische Gastheorie, Wärmeleitungs- und Grenzschichterscheinungen. Im Laufe der vergangenen Jahrhunderte hat sich aus den Arbeiten verschiedener Forscher, namentlich Krönig, Clausius und Maxwell, die kinetische Theorie der Materie und insbesondere die kinetische Gastheorie entwickelt. Die Grundzüge der kinetischen Gastheorie sind vielfach durch überraschende Versuchsergebnisse bestätigt worden, so daß sie wohl so gut, wie nur wenige physikalische Anschauungen gefestigt sein dürften. Eine erhebliche Wandlung ist hier nicht zu erwarten, wenigstens soweit es sich um nicht allzustark verdichtete Gase handelt, bei welchen die Moleküle noch nicht so eng aufeinander gepreßt zu denken sind, wie in stark verdichteten Gasen oder gar in Flüssigkeiten und in festen Körpern. Glücklicherweise handelt es sich bei den vorliegenden Fragen der Technik meist um Gaspressungen von wenigen Atmosphären. In diesem Gebiet gibt die kinetische Gastheorie eine einfache und gut begründete Anschauung über alle Fragen des Wärmeüberganges, der Gasreibung und der Gaszähigkeit, so daß wir dieselbe unbedenklich als unser Rüstzeug benutzen dürfen, um mit ihrer Hilfe die schwierigen Aufgaben des Wärmeüberganges zu erforschen.

Die kinetische Gastheorie arbeitet mit der Vorstellung, daß auch die für das menschliche Auge ruhenden Gase aus einer großen Zahl sehr kleiner, aber in rascher unregelmäßiger Bewegung befindlicher Moleküle bestehen. Im allgemeinen sind bei den Gasen, wie sie für unsere Aufgaben in Betracht kommen, die gegenseitigen Abstände der Moleküle so groß, daß diese keine merklichen Wirkungen aufeinander ausüben. Nur wenn sich zufällig zwei Moleküle ungewöhnlich nahekommen, „stoßen" dieselben aufeinander. Am einfachsten kann man sich die Erscheinungen bei einem derartigen Zusammenstoß zweier Moleküle vorstellen unter dem aus mechanischen Versuchen bekannten Bilde des Zusammenstoßes zweier vollkommen elastischer Kugeln. Auch auf die festen Wände des Gefäßes, in welches das Gas eingeschlossen ist, stoßen, wenn auch in unregelmäßiger Folge, die Gasmoleküle auf und prallen darauf wieder von der Wand zurück. Da die Zahl der Moleküle in der Volumeinheit außerordentlich groß, die Masse jedes einzelnen Moleküls dagegen sehr klein ist — etwa 10^{-22} g bei Stickstoff —, erscheint der fortgesetzte Anprall der Moleküle an die Gefäßwände nach außen als eine gleichförmige Druckwirkung. Damit erklärt die kinetische Gastheorie die seinerzeit zuerst auf experimentellem Wege von Boyle-Charles und Gay-Lussac festgestellten Erscheinungen des Gasdruckes. Es ist leicht einzusehen, daß von dem Standpunkte der kinetischen Gastheorie der Druck, welchen ein in ein Gefäß eingeschlossenes Gas auf dessen Wände ausübt, nicht nur der Zahl und Masse der in der Volumeinheit befindlichen Gasmoleküle, sondern außerdem auch noch dem Quadrate ihrer mittleren Geschwindigkeit proportional sein muß. Die Gastheorie setzt damit das Quadrat der mittleren Geschwindigkeit direkt proportional der makroskopisch von dem Beobachter mit einem Thermometer zu messenden Temperatur.

Die kinetische Gastheorie vermittelt ferner folgende Erklärung für die Erscheinungen der Wärmeleitung. Stellt man an einer Stelle unseres abgeschlossenen Gefäßes mit dem Thermometer eine höhere Temperatur fest, so ist ebenda die mittlere Geschwindigkeit der Moleküle eine größere als an den kälteren Stellen des Gefäßes. Infolge der molekularen Eigenbewegung der Gasmoleküle tritt nun allmählich eine Durchmischung, genannt „Diffusion", der aus den kälteren und den wärmeren Raumteilen stammenden Gasmoleküle ein, wodurch die Temperatur im Gefäß vergleichmäßigt wird. Die mit sehr großer Geschwindigkeit — etwa 460 m/sec im Mittel — in dem Raume des Gefäßes umherschwirrenden Gasmoleküle werden zwar auf ihrem Wege vielfach durch Zusammenstöße mit andern Molekeln aufgehalten, gelangen aber schließlich doch, wenn auch langsam, in alle Raumteile hinein, womit die Erscheinungen der Gasdiffusion und der Wärmeleitung, letztere allerdings erst in einem ihrer Anteile, erklärt sind. Für die Wärmeleitung kommt nämlich außer der unmittelbaren Diffusion auch die Übertragung von Bewegungsenergie bei jedem einzelnen Zusammenstoß zweier Gasmoleküle in Betracht. Immerhin sind beide Erscheinungen — Gasdiffusion und Wärmeleitung — fast identisch, da sie beide auf der mit bloßem Auge nicht sichtbaren, außerordentlich raschen und heftigen Eigenbewegung oder Temperaturbewegung der Gasmoleküle beruhen.

Daß die Temperaturbewegungen tatsächlich vorhanden sein müssen, ist erwiesen unter anderem durch die mit den Hilfsmitteln der Ultramikroskopie unter geeigneten Bedingungen gelungene unmittelbare optische Beobachtung der Wärmebewegung größerer Molekülkomplexe, wie man sie beispielsweise in dem feinen, in Luft schwebenden Rauch oder Nebel (auch Salmiaknebel) findet. Die Beobachtung lehrt allerdings, — in Übereinstimmung mit theoretischen Erwägungen, — daß die Temperaturbewegungen um so weniger nach außen sichtbar werden, je größer die suspendierten Teilchen sind; bei größeren festen Körpern sind sie, wie bekannt, als solche überhaupt nicht mehr erkennbar, sondern sie müssen sich ausschließlich als engbegrenztes Gegeneinanderschwingen der zusammenhängenden Molekülgruppen abspielen, wobei die äußerlich sichtbare Bewegung verschwindet.

Im Vorstehenden haben wir uns zunächst nur mit den Molekularbewegungen, welche auch in äußerlich ruhenden Gasen auftreten, beschäftigt. Handelt es sich um ein gleichzeitig auch noch makroskopisch bewegtes, strömendes Gas, so wird sich die makroskopisch sichtbare Bewegung den im wesentlichen unverändert fortbestehenden Molekularbewegungen überlagern. Bei dem Austausch von Bewegungsgröße zwischen den einzelnen Raumteilen des Gases und den einzelnen Molekeln, veranlaßt durch die Diffusionserscheinungen und die immerwährend wiederholten Zusammenstöße der Molekeln, werden jetzt aber nicht nur molekulare Bewegungsanteile übermittelt, sondern außerdem auch die makroskopisch sichtbaren, von der Gasströmung herrührenden. Es wird daher durch die Eigenbewegung der Moleküle aus den schneller strömenden Raumteilen Bewegungsgröße in die langsamer strömenden hinüberbefördert. Ohne weiteres ist einzusehen, daß dieser Transport an Bewegungsgröße der Änderung der sichtbaren Geschwindigkeit auf die Längeneinheit, kurz dem Geschwindigkeitsgefälle, proportioniert sein muß. Damit ist auch die Erscheinung der Gasreibung oder Gaszähigkeit kinetisch erklärt und auf dieselbe Ursache wie die Wärmeleitung und die Diffusion zurückgeführt.

Für den Wärmeübergang von den Heizkörpern, namentlich Röhrenbündeln, auf die Heizgase — in der Regel Luft — pflegt man zweierlei Ursachen anzuführen. Einesteils spricht man von Wärmekonvektion und versteht darunter den Wärmetransport durch die von der sichtbaren Luftströmung hervorgerufene Ortsveränderung und Durcheinandermischung der einzelnen mit verschieden temperierter Luft erfüllten Raumteile. Außerdem wird noch unabhängig von der strömenden Bewegung der Heizgase Wärme durch die eigentliche Wärmeleitung befördert. Letzterer Anteil des Wärmeüberganges, nämlich die Wärmeleitung, wird namentlich da bedeutend sein, wo die Strömungsgeschwindigkeit klein, das Temperaturgefälle groß ist. Schon oberflächliche Messungen an Heizkörpern zeigen, daß dies in der Nähe der Oberfläche der Heizkörper der Fall ist. In der Regel findet man dort fast das ganze Temperaturgefälle in nächster Nähe der Oberfläche auf wenige Millimeter oder sogar Bruchteile eines Millimeters zusammengedrängt.

Es zeigt sich ferner, daß innerhalb desselben engen Raumes nahe der Oberfläche des Heizkörpers auch die Zähigkeitswirkungen für die Luftströmung bemerkbar werden. Die, wenn auch geringe Zähigkeit der Luft verlangt nämlich, daß die unmittelbar an die Oberfläche des Heizkörpers grenzende Luftschicht an diesem haftet und in Ruhe bleibt. Weiter außen herrscht dabei fast genau dieselbe Strömung, wie in einer reibungslosen Flüssigkeit. Nur in der unmittelbar die Heizkörperoberfläche umhüllenden „Grenzschicht" findet unter dem nur hier fühlbaren Einfluß der Gasreibung oder Zähigkeit auf engem Raum ein sehr steiler Übergang der äußeren, verhältnismäßig schnellen Bewegung zu der Ruhe an der Wand statt[1]).

Vom Standpunkt der kinetischen Gastheorie ist es nicht verwunderlich, daß nicht nur die Wärmeleitung, sondern auch die Gasreibung ausschließlich innerhalb der Grenzschicht eine erhebliche Rolle spielen. Beruhen doch beide Erscheinungen im wesentlichen auf den raschen, für das Auge des Beobachters unsichtbaren Eigenbewegungen der Gasmoleküle.

Die kinetische Theorie der Materie nimmt nämlich an, daß auch die kleinsten Teile fester Körper in steter unregelmäßiger Temperatur-

---

[1]) Näheres über die mathematische Theorie der Grenzschichten findet man in den Veröffentlichungen von L. Prandtl, des Begründers der Grenzschichttheorie und seiner Schüler, z. B. Verhandlungen des III. Internat. Mathematiker-Kongresses 1904. Leipzig 1905.

bewegung begriffen sind, sich aber dabei im Gegensatz zu den Gasmolekeln nur wenig von ihrer ursprünglichen Ruhelage entfernen. Bei dem außerordentlich häufig wiederkehrenden Anprall der Gasmolekeln an die festen Oberflächen nehmen daher die Gasmolekeln die mittlere Temperaturbewegung der Wand als eigene mittlere Geschwindigkeit an. Außerdem wird aber, da die Oberfläche makroskopisch in Ruhe ist, auch die äußerlich sichtbare Gasströmung in der Nähe der Wand durch Abgabe von Bewegungsgröße beim Aufprallen auf die feste Wand zur Ruhe gebracht. Weiter außerhalb der Heizkörperoberflächen treten sowohl Wärmeleitung als auch die durch die Zähigkeit bedingte Fortleitung sichtbarer Bewegungsgröße (kurz „Impuls" genannt) zurück gegen die Wärmekonvektion und Impulskonvektion, welche beide durch die räumliche Durcheinandermischung innerhalb der verhältnismäßig schnell strömenden Luft bedingt sind.

Mit den Eigenschaften der Luftströmung in größerer Entfernung von der Oberfläche des Heizkörpers, welche der Strömung einer reibungslosen Flüssigkeit sehr ähnlich ist, wollen wir uns hier nicht beschäftigen. Die Strömungsformen reibungsloser Flüssigkeiten sind hinreichend bekannt. Sie lassen sich in vielen Fällen, namentlich wenn es sich um ebene Strömungen handelt, berechnen oder durch die geometrische Konstruktion des Orthogonalsystems der Strom- und Äquipotentiallinien finden. Auch auf experimentellem Wege kann man die Strömungsformen reibungsloser, in ebenen Bahnen strömender Flüssigkeiten folgendermaßen finden. Man schneidet den gegebenen Grundriß des durchströmten Kanals aus Widerstandsblech aus, führt elektrischen Gleichstrom an zwei Kupferschienen zu und ab, welche an zwei Äquipotentiallinien der Strömung auf dem Widerstandsblech befestigt sein müssen. Dann kann man mit Hilfe eines Voltmeters beliebige weitere Äquipotentiallinien und damit das ganze Strombild finden[1]). Alle diese Methoden versagen aber, sobald man Näheres über die Strömung nahe an den Körperoberflächen oder in dem sog. „Totraum" wissen will, welcher sich erfahrungsgemäß auf der der Zuströmungsrichtung abgewendeten Seite jedes Körpers mit mehr oder weniger großer Deutlichkeit ausbildet.

Die Rechnung, die Konstruktion und auch das elektrische Meßverfahren müssen, um wenigstens einigermaßen den zu beobachtenden Erscheinungen gerecht zu werden, nach einer von Helmholtz entwickelten Theorie annehmen, daß der zunächst nur versuchsmäßig feststellbare Totraum mit ruhender Luft angefüllt sei. In zwei Diskontinuitätsflächen soll sich dann an den Totraum die strömende Flüssigkeit anschließen. Wo sich diese Diskontinuitätsflächen an die Oberflächen des Körpers ansetzen, bleibt dabei ungeklärt.

---

[1]) S. Zeitschr. d. Ver. dtsch. Ing. 1911, S. 2014.

Es zeigt sich auch, daß diese Diskontinuitätsflächen in Wirklichkeit keineswegs stationäre Formen darstellen, sondern in der Regel unter der Bildung einzelner Wirbelgebilde hin- und herpendeln und sich schließlich in größerer Entfernung von ihrer Ablösungsstelle gänzlich aufrollen. Eine rechnerische Verfolgung dieser offenbar sehr verwickelten Erscheinungen ist anscheinend nicht möglich. Dagegen ist es Prandtl gelungen, das Verhalten der Grenzschicht an der der Strömung zugewandten Seite eines Körpers bis zur Ablösungsstelle mathematisch zu begründen und damit einen außerordentlich bedeutungsvollen Fortschritt für die Strömungslehre reibender Flüssigkeiten zu erzielen. Leider hat Prandtls Grenzschichtentheorie noch viel zu wenig Beachtung gefunden, obwohl sie meines Erachtens gerade für die praktisch - technischen Aufgaben äußerst wertvoll

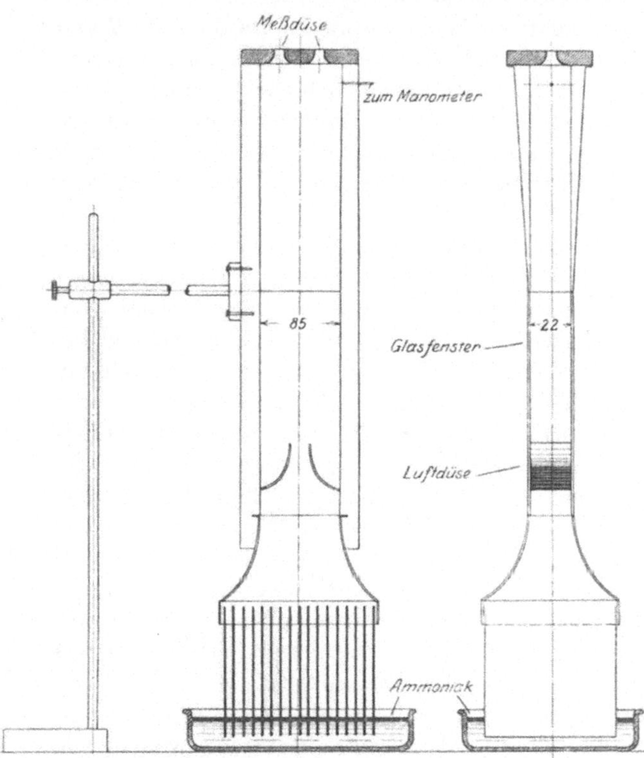

Fig. 1. Diffusionsapparat.

ist. Der Grund ihrer geringen Beachtung seitens der Praktiker mag vielfach daran liegen, daß es bisher noch nicht recht gelungen ist, diese Grenzschichten und namentlich die daraus hervorgehenden, den Totraum erfüllenden merkwürdigen Wirbelgebilde mit der wünschenswerten Klarheit sichtbar zu machen. Da für die hier insbesondere in Angriff genommene Aufgabe der Erforschung des Wärmeüberganges die Kenntnis der Strömungserscheinungen nahe den Körperoberflächen und im Totraume grundlegend ist, ergibt sich zunächst die Aufgabe, die Grenzschicht in voller Klarheit sichtbar zu machen und ihr Verhalten experimentell zu untersuchen.

4. Strömungsbilder und Wirbelerscheinungen bei einem Luftstrahl sowie Strömung und Wirbelbildungen in Wasserrohrbündeln. Unsere oben angestellten gastheoretischen Überlegungen haben gezeigt, daß die Erscheinungen der Flüssigkeits- und Gasreibung oder Zähigkeit und der Diffusion eng miteinander verwandt sind, weil beide auf der fortwährenden, durch die schnelle Eigenbewegung der Moleküle veranlaßten Durcheinandermischung der einzelnen Flüssigkeitselemente beruhen. Wenn nun die Strömungs- und Luftreibungserscheinungen

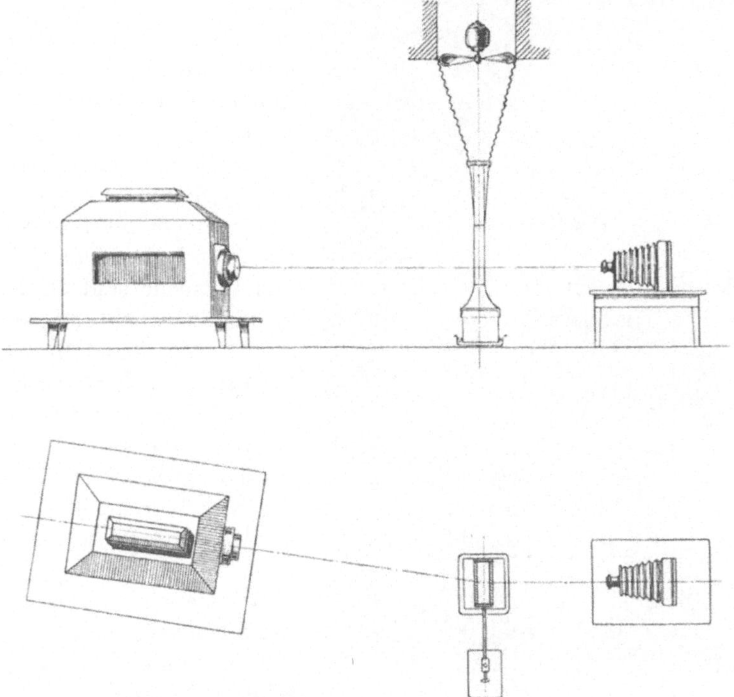

Fig. 2. Aufstellung des Diffusionsapparates.

an einem bestimmten Versuchskörper, beispielsweise an einem Zylinder, geprüft werden sollen, kann man sich einen Zylinder aus einem porösen Stoff, etwa aus Ton oder aus Filtrierpapier, herstellen und diesen mit einer geeigneten, mit der Versuchsluft chemisch reagierenden Flüssigkeit tränken. Die chemische Einwirkung derselben wird sich infolge der Diffusionserscheinungen ein Stück weit hinein in den Luftstrom erstrecken. Da die Diffusion vom Standpunkt der Gastheorie fast gleichbedeutend mit Zähigkeitswirkung der Gase und Flüssigkeiten ist, wird sich der chemische Prozeß in der Grenzschicht abspielen, welche ja, wie schon oben auseinandergesetzt wurde, die dünne, an den Körperoberflächen haftende oder langsam an diesen entlanggleitende Schicht ist, in welcher allein sowohl Zähigkeitswirkungen als auch die damit engverwandten Diffusions- und Wärmeleitungserscheinungen fühlbar werden, während dieselben in den weiter abliegenden Raumpunkten auf die Strömungserscheinungen keinen unmittelbaren Einfluß haben. Es ist nun leicht, die von den porösen Wandungen unserer Versuchskörper ausgehenden chemischen Reaktionen so zu wählen, daß sie eine Trübung oder Färbung der Versuchsluft bewirken. Damit gelingt es in der Tat, die Grenzschicht deutlich sichtbar zu machen und eine Menge interessanter Strömungserscheinungen zu beobachten.

In Fig. 3 bis 6 sind vier kurze Momentaufnahmen (etwa $^1/_{250}$ Sekunde Expositionszeit) von der Luftausströmung aus einer Düse wiedergegeben. Die Versuche sind an dem in Fig. 1 gezeichneten Apparat gemacht. Ein elektrischer Ventilator saugt die Luft durch einen Versuchskanal mit flach rechteckigem Querschnitt an. Die beiden großen Seitenwände des Kanals bestehen aus Glastafeln. Vor dem Ventilator sind noch Meßdüsen angebracht. Durch Messung der Druckdifferenz an diesen Düsen wurde die durchgesaugte Luftmenge bestimmt. Unter dem trompetenförmig gestalteten Einlauf ist ein aus Filtrierpapierblättern

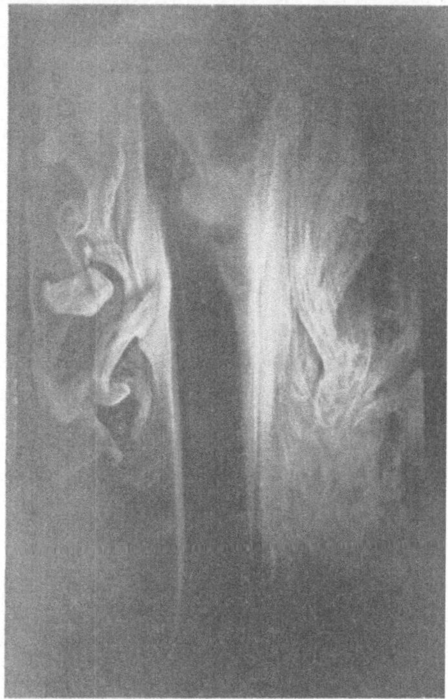

Fig. 3. Luftausströmung aus einer Düse.
(Luftgeschwindigkeit 0,7 m/sec, Düsenweite 20 mm.)

bestehender Luftbefeuchter angeordnet. Die Filtrierpapierblätter tauchen unten in eine mit wässeriger Ammoniaklösung gefüllte Schale ein. Die durch den Luftbefeuchter hindurchstreichende Luft nimmt auf diesem Wege eine geringe Menge Ammoniak auf. Zwischen den Glastafeln ist die aus starkem Löschpapier bestehende Versuchsdüse eingesetzt. Sie wird mit Salzsäure getränkt. Wo die Versuchsluft mit dieser Versuchsdüse in Berührung kommt, bilden sich Salmiaknebel. Ein seitlich aufgestellter Projektionsapparat (vgl. Fig 2) sorgt für die notwendige Beleuchtung. Der photographische Apparat war im allgemeinen genau in der Symmetriemittellinie des Versuchskanals aufgestellt.

Auf diese Weise sind die Photographien Fig. 3 bis 16 entstanden. Die weißlich gefärbte Grenzschicht, welche den beiderseits etwa 20×22 mm im Geviert messenden Strahl begrenzt, verläßt zunächst ziemlich geradlinig diese Düse, löst sich aber dann alsbald in zahlreiche Einzelwirbel auf, so daß die Strahlgrenzen verschwinden. Die Art dieser Strahlauflösung ist dabei je nach der Geschwindigkeit der ausströmenden Luft verschiedenartig.

Bei steigender Luftgeschwindigkeit tritt immer deutlicher eine regelmäßig periodische Wirbelbildung in Erscheinung. Die Einzelwirbel hinterlassen zahlreiche Rauchfäden, welche sich häufig zu einem großen, im Totraum langsam rotierenden Wirbelgebilde zusammenschließen, vgl. Fig. 6. Die Einzelheiten dieser merkwürdigen Wirbelerscheinungen wären offenbar nur durch kinematographische Aufnahmen endgültig zu klären. Denn die direkte Beobachtung liefert bei der schnellen Beweglichkeit dieser Gebilde sogar noch weniger klare Aufschlüsse als eine Momentphotographie.

Immerhin gestatten diese Momentaufnahmen einen gewissen Überblick über die Strömungserscheinungen in einem Luftstrahl und

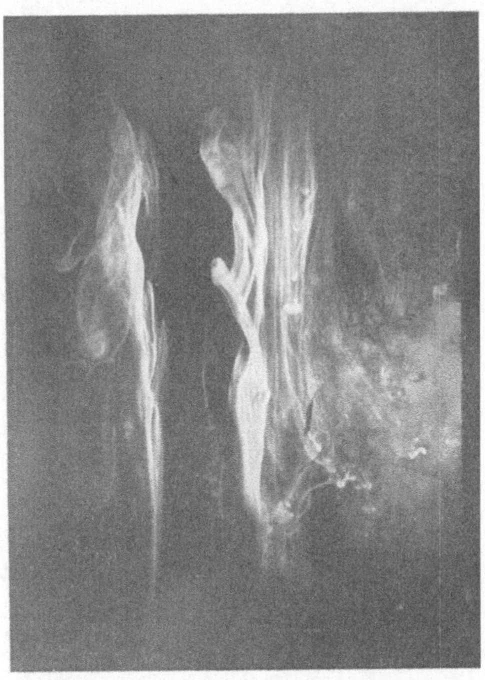

Fig. 4. Luftausströmung aus einer Düse.
(Luftgeschwindigkeit 1,5 m/sec, Düsenweite 20 mm.)

die merkwürdigen Wirbelerscheinungen in der Grenzschicht. Daß gerade in der Grenzschicht die Wirbelerscheinungen so hervortreten, ist keineswegs verwunderlich. Denn nach bekannten Anschauungen muß man die Entstehung von Wirbeln dort erwarten, wo Reibung auftritt, und dies ist nach den vorangehenden Überlegungen gerade bei der Grenzschicht der Fall. Die Färbung der Grenzschicht ergibt daher ohne weiteres eine Kennzeichnung der Wirbel; ausgenommen sind natürlich solche Wirbel, welche von außen in den Versuchsapparat hineingelangen, ferner diejenigen, welche an den natürlicherweise nicht mit Salzsäure getränkten Glasplatten und Wänden des Apparates entstehen.

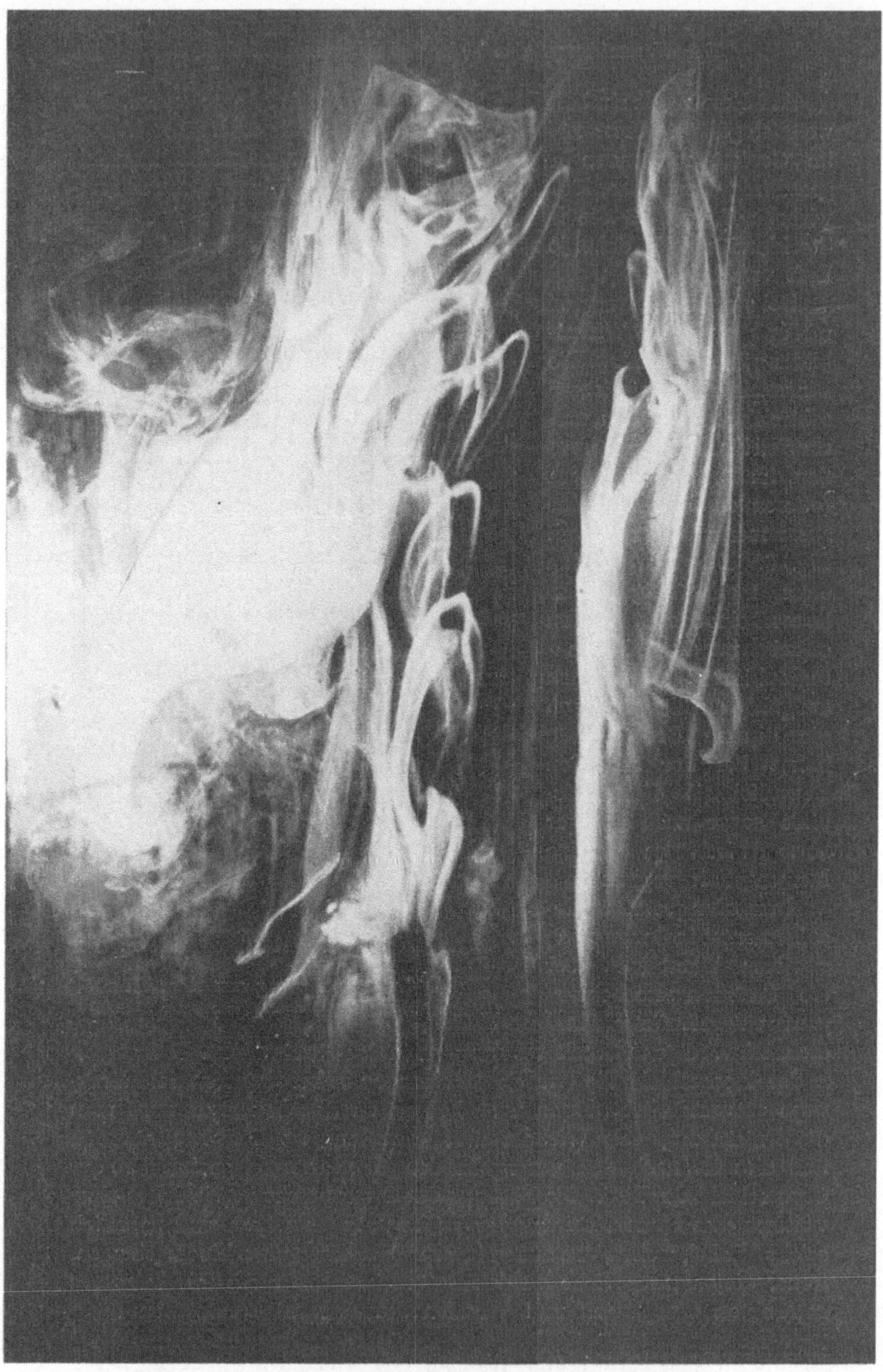

Fig. 5. Luftausströmung aus einer Düse.
(Luftgeschwindigkeit 2 m/sec, Düsenweite 30 mm.)

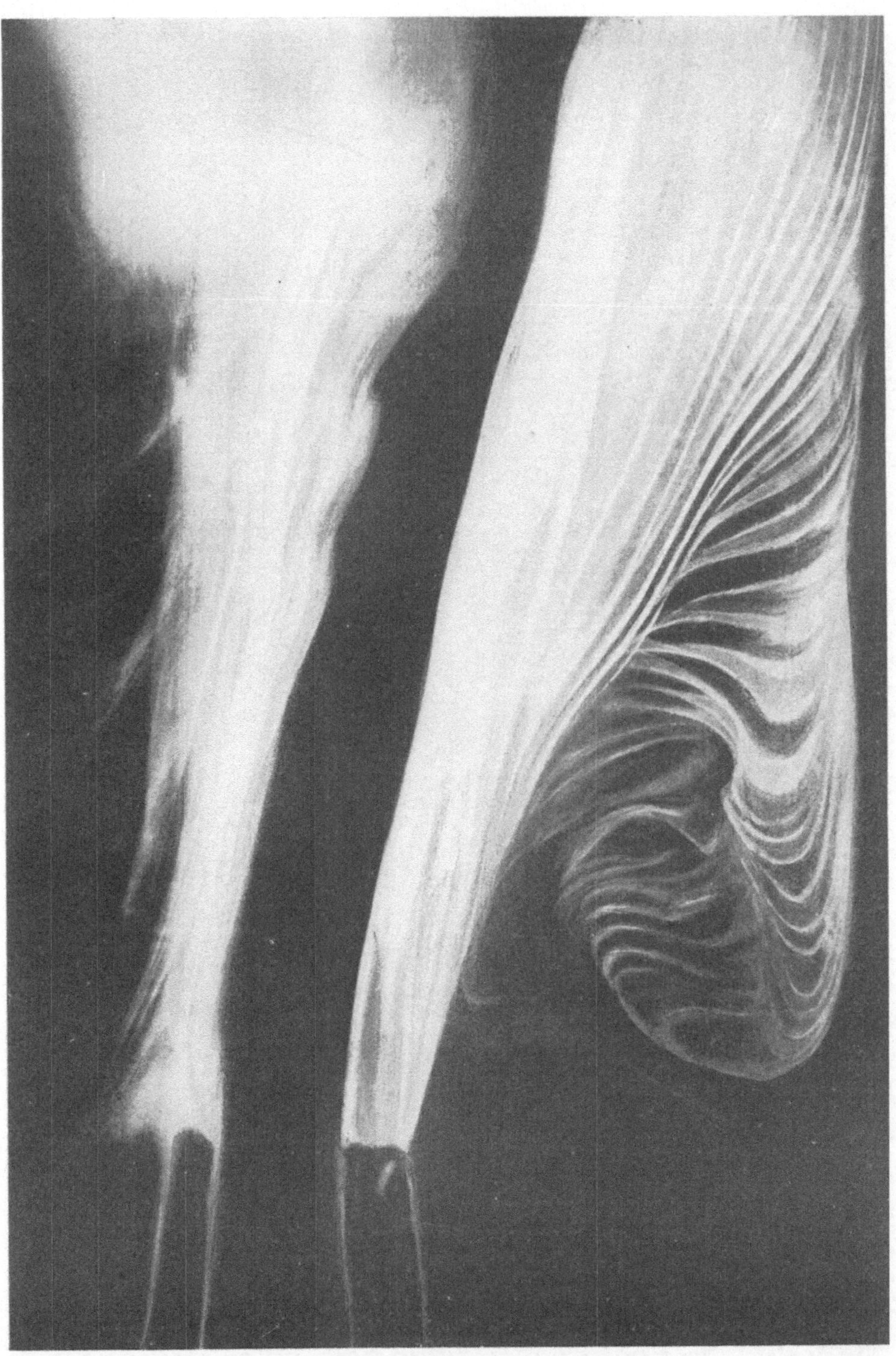

Fig. 6. Luftausströmung aus einer Düse.
(Luftgeschwindigkeit 4 m/sec, Düsenweite 30 mm.)

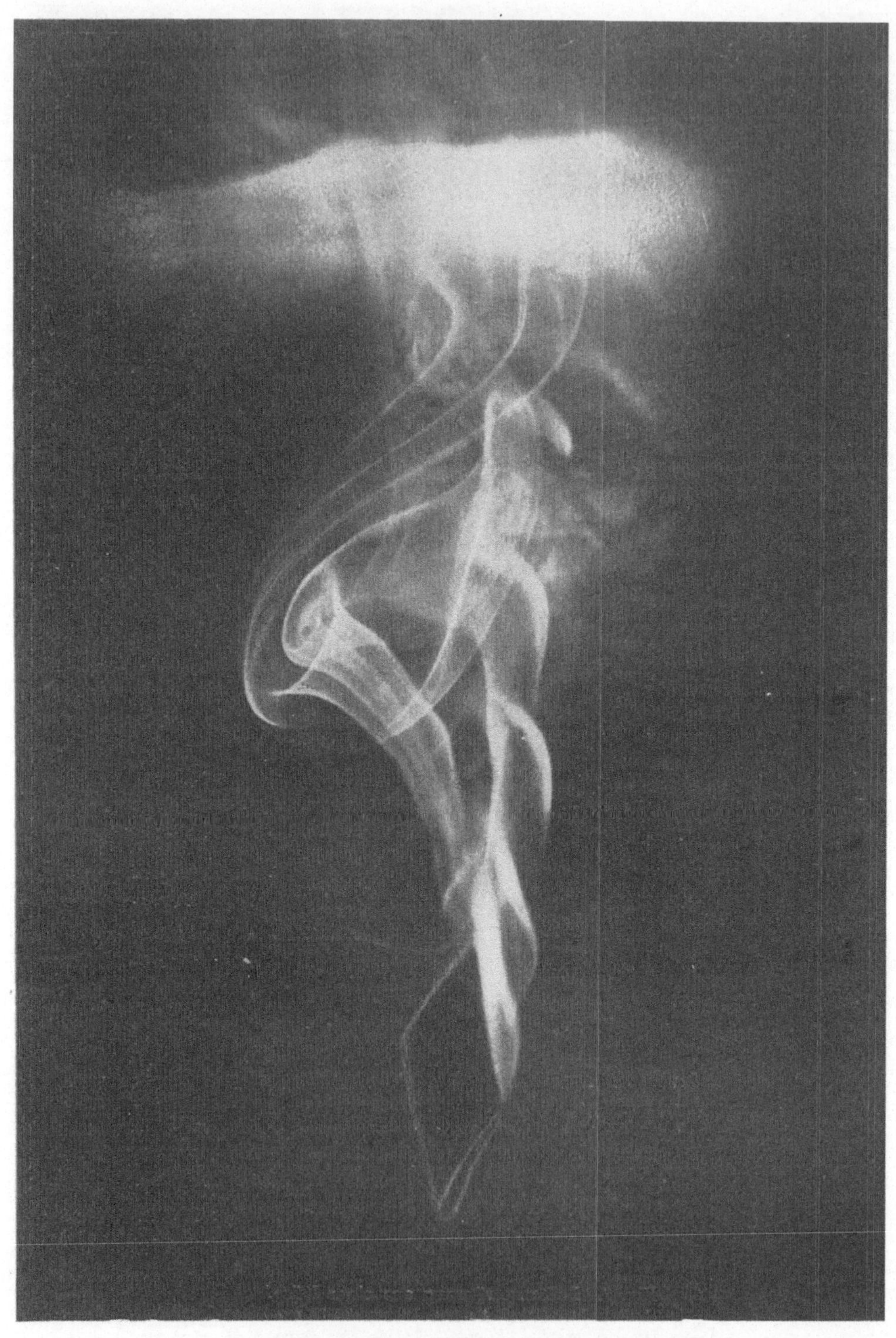

Fig. 7. Luftströmung an einem Aeroplanmodell.

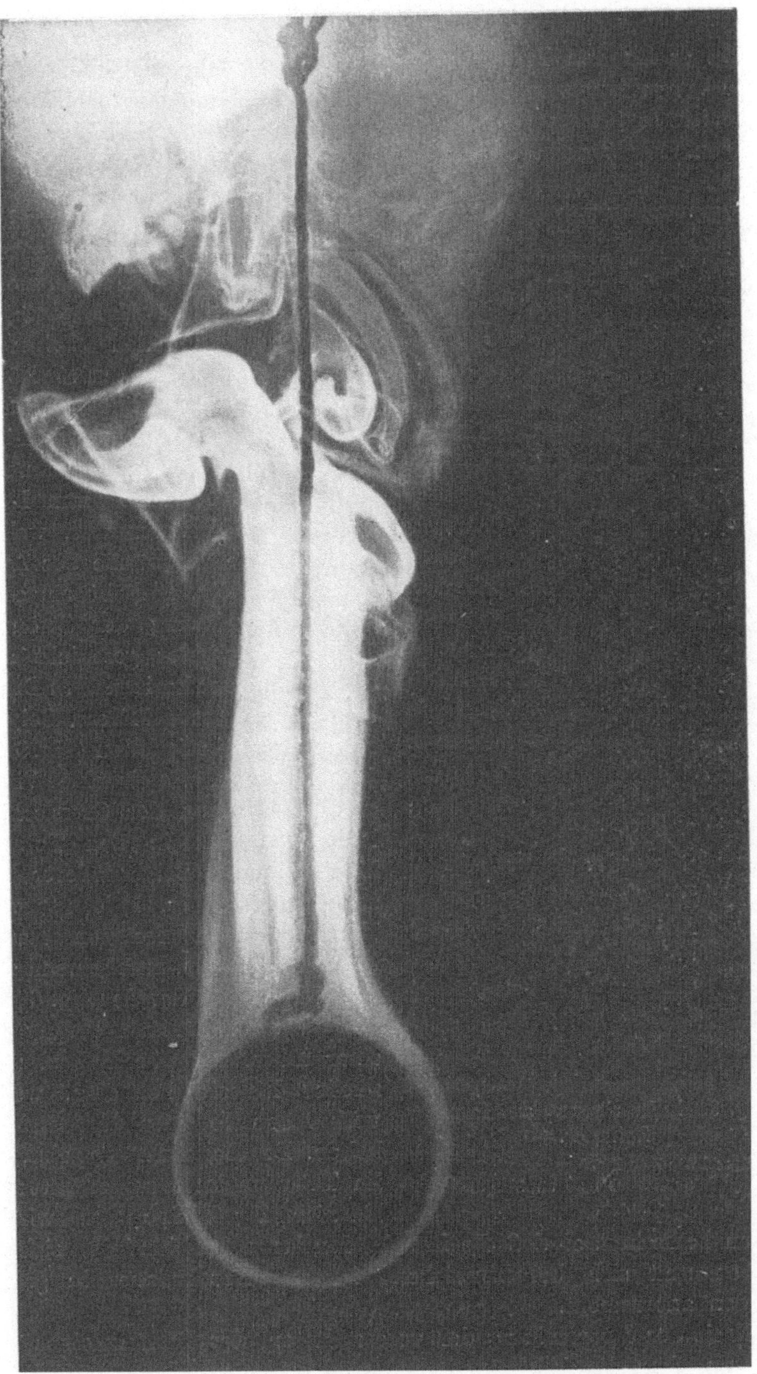

Fig. 8. Kugel im Luftstrom.
(Luftgeschwindigkeit 0,7 m/sec. Kugeldurchmesser 60 mm.)

Da es für den Techniker äußerst wichtig ist, sich eine möglichst klare Vorstellung von der Natur dieser Wirbelerscheinungen zu bilden, halte ich es für angebracht, eine Reihe weiterer Strömungsbilder zu bringen. Fig. 7 zeigt die nach demselben Verfahren, jedoch in einem erweiterten Versuchskanal von 150 × 150 mm Querschnitt photographisch aufgenommene Luftströmung bei einem Äroplanmodell. Man bemerkt deutlich, daß sich hier die Grenzschicht beiderseits der Tragflächen zu zwei Zöpfen aufrollt. Fig. 8 zeigt die Luftströmung bei einer Kugel, Fig. 9 bis 11 zeigen die Luftströmung bei einem Zylinder von 22 mm Länge und 25 mm Durchmesser, welcher zwischen die Glaswände des Apparates nach Fig. 1 dicht eingesetzt ist. Die Ablösung der Strömung bei dem Zylinder geschieht stets in der Nähe der horizontalen Durchmesserebene des Zylinders. Bei kleineren Geschwindigkeiten (Fig. 9 und 10) sieht man, wie einzelne Wirbelgebilde sich von der Grenzschicht lostrennen und in den Totraum hinabsteigen. Bei größerer Geschwindigkeit (Fig. 11) ist der ganze Totraum von zahlreichen Rauchfäden erfüllt, die, anscheinend ganz ähnlich wie bei der in Fig. 6 wiedergegebenen Luftausströmung aus einer Düse, die Überbleibsel zahlreicher Einzelwirbel sind, welche vorher den Totraum durchstrichen haben. Die Beobachtung zeigt, daß im Totraum im Durchschnitt verhältnismäßig kleine Geschwindigkeiten herrschen, so daß die Rauchfäden lange Zeit hindurch sichtbar bleiben und sich bei hinreichend langer Versuchsdauer in großen Mengen ansammeln.

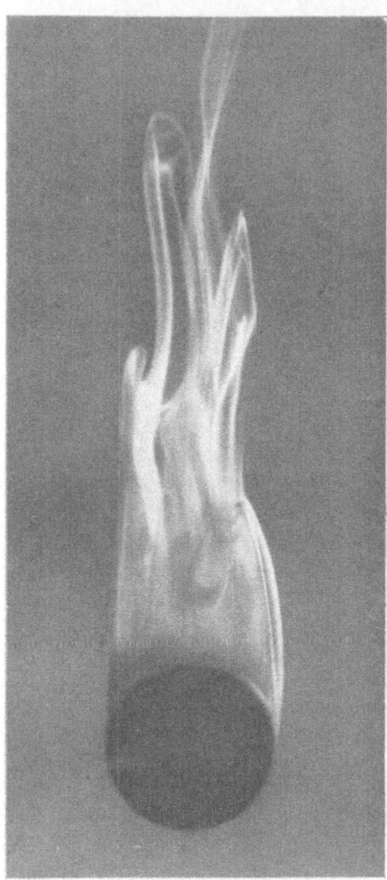

Fig. 9. Luftströmung an einem Zylinder.

Luftgeschwindigkeit 0,5 m/sec, Zylinderdurchmesser 25 mm.)

Nach der Besprechung der vorerwähnten, der Bildung einer Vorstellung über die Wirbelerscheinungen in strömenden Flüssigkeiten

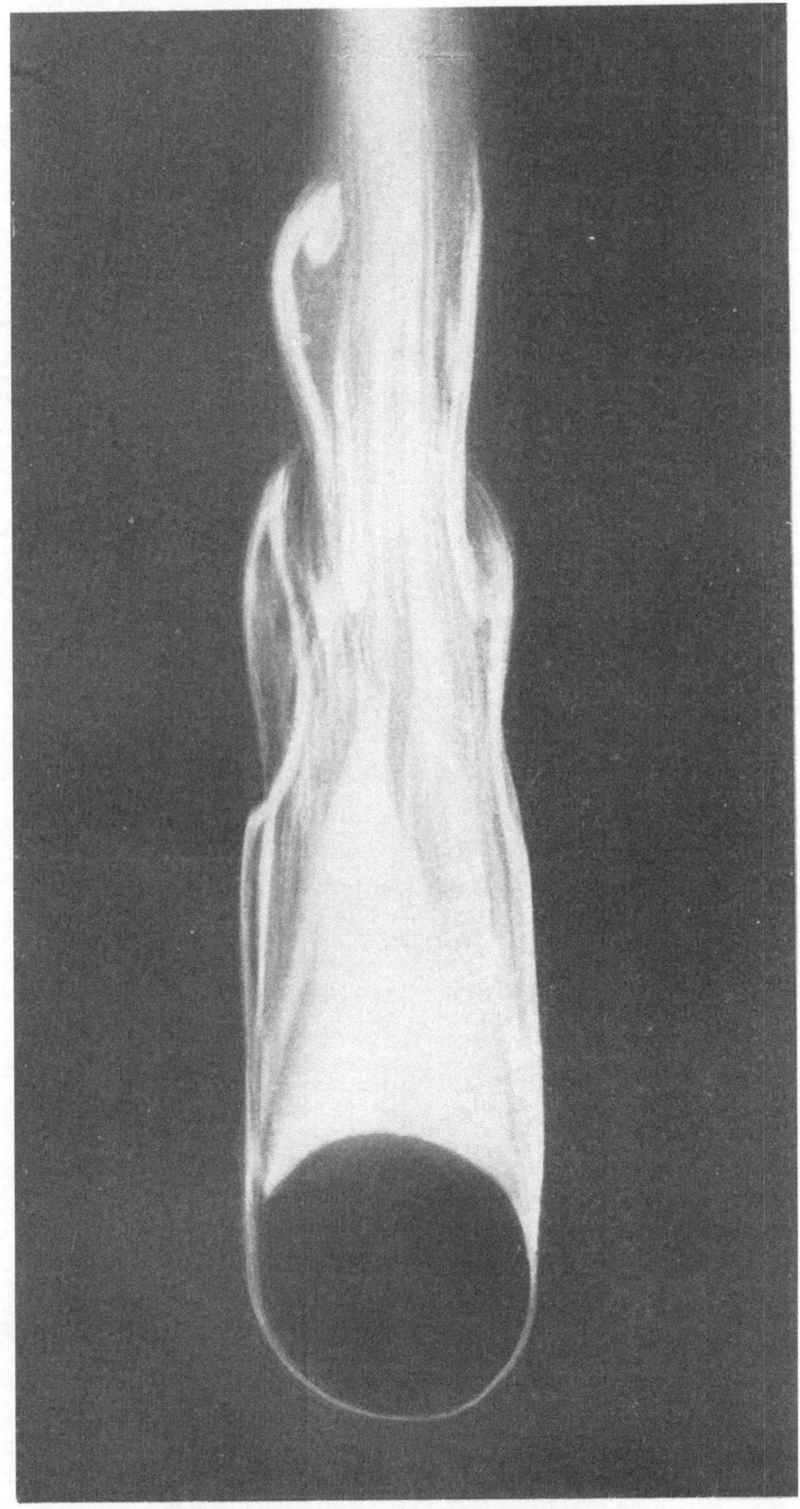

Fig. 10. Luftströmung an einem Zylinder.
(Luftgeschwindigkeit 1 m/sec, Zylinderdurchmesser 25 mm,)

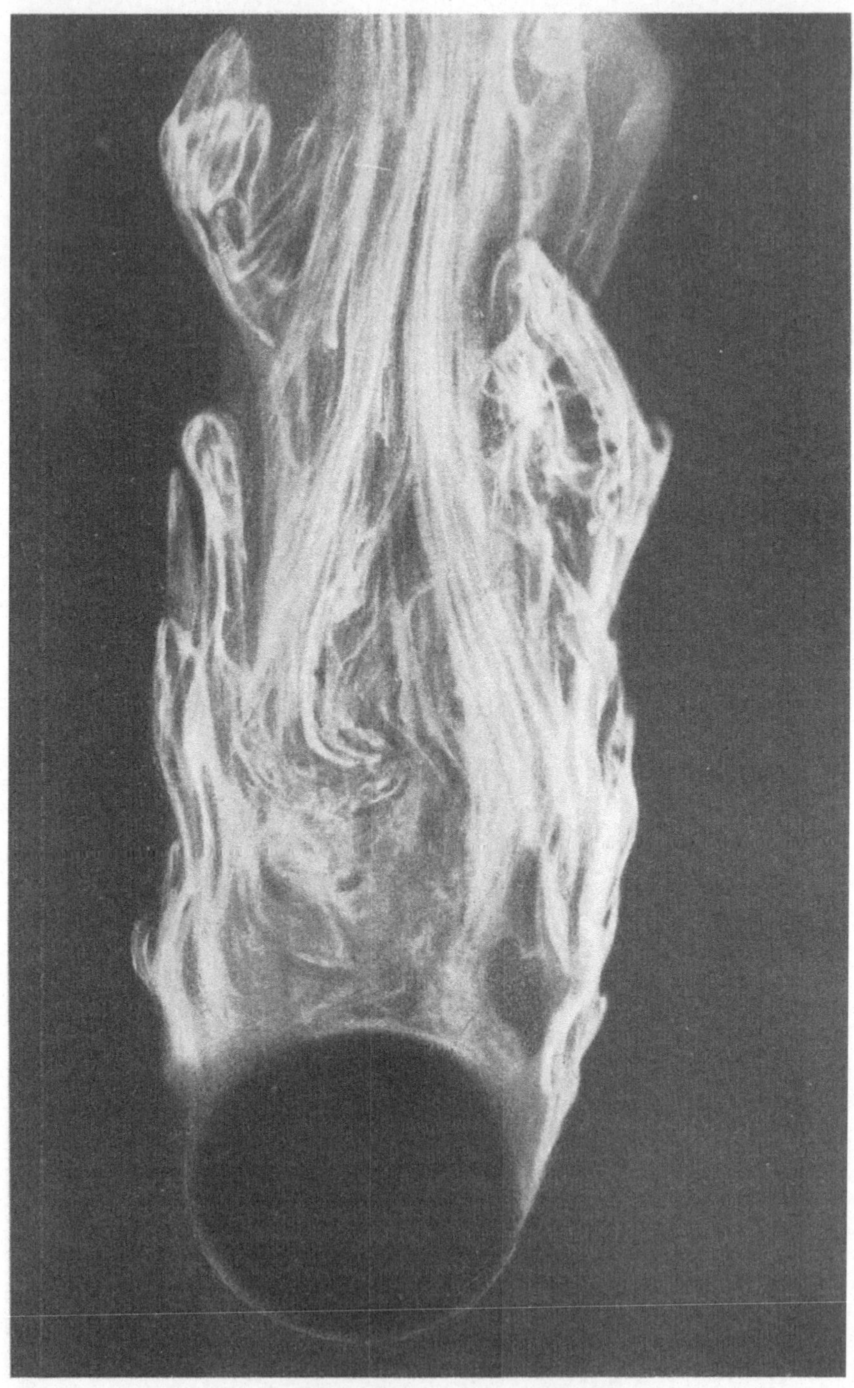

Fig. 11. Luftströmung an einem Zylinder.
(Luftgeschwindigkeit 3 m/sec, Zylinderdurchmesser 25 mm.)

dienenden Bilder wollen wir uns der Untersuchung der Strömungsvorgänge speziell in Dampfkesselmodellen zuwenden. Fig. 12 und 13 zeigen
die Strömung in einem Modell, welches einem Wasserrohrkessel mit
versetzten Rohrreihen nachgebildet ist. Fig. 14 und 15 geben dasselbe für gerade Rohrreihen. Infolge der regelmäßigen Anordnung der
Rohrreihen werden die zurückliegenden Rohrreihen durch die Abluft

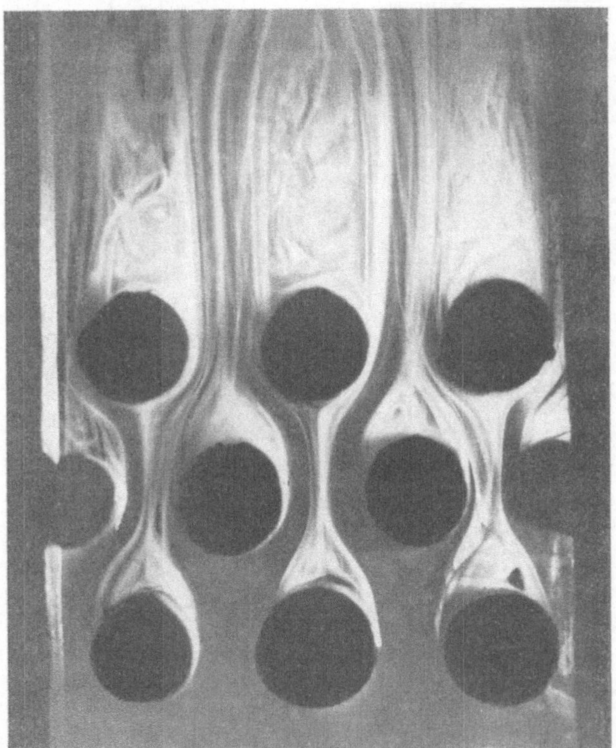

Fig. 12. Strömung an einem Wasserrohrkesselmodell mit
versetzten Rohrreihen.
(Luftgeschwindigkeit 1 m/sec, Rohrdurchmesser 16 mm.)

der vorhergehenden eingehüllt, was für den Wärmeübergang wenig
günstig sein muß. Dieser Mangel läßt sich beseitigen, wenn man die
Rohrreihen absichtlich mit kleinen Unregelmäßigkeiten anordnet, wie
es bei einigen Dampfkesselbauarten der Fall ist, oder wenn man dafür
sorgt, daß die Luftzu- und -abfuhr mit geringer Unsymmetrie geschieht.
Oder man kann Schirme einbauen, siehe Fig. 16. Dadurch wird die
Strömung gänzlich geändert, und die dünnen Grenzschichten werden
im allgemeinen nicht gerade die nachfolgenden Rohrreihen einhüllen,
wie dies bei genau symmetrischer Bauart der Fall ist.

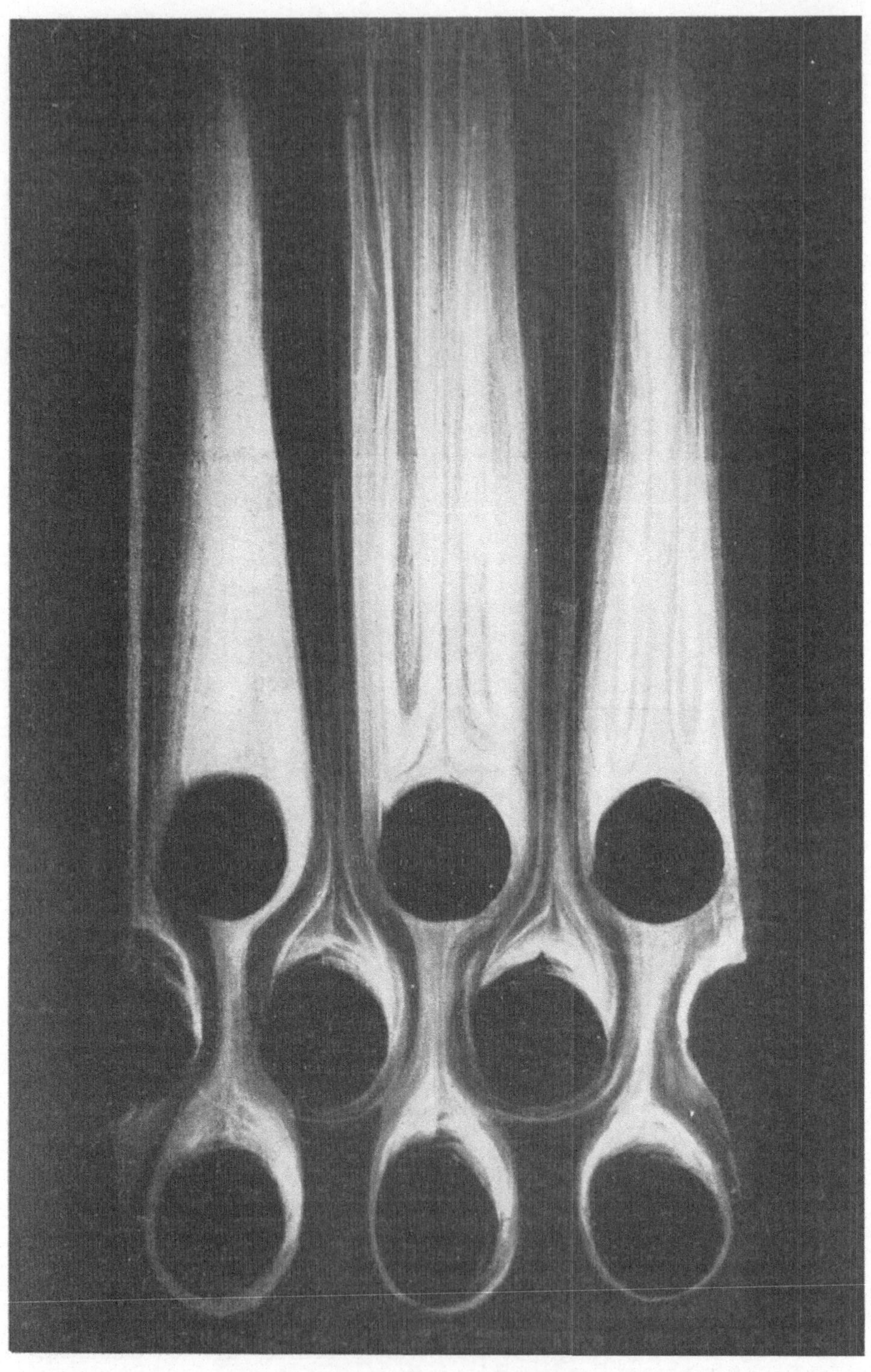

Fig. 13. Strömung in einem Wasserrohrkesselmodell mit versetzten Rohrreihen.
(Luftgeschwindigkeit 3 m/sec, Rohrdurchmesser 16 mm.)

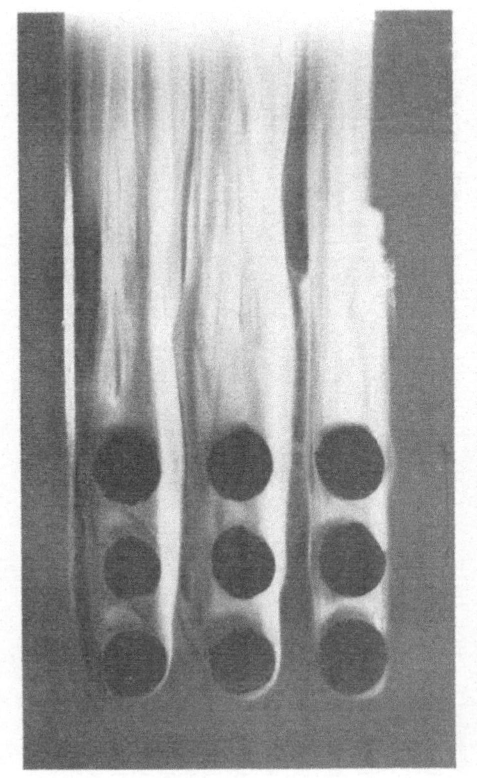

Fig. 14. Strömung in einem Wasserrohrkesselmodell mit geradlinigen Rohrreihen.
(Luftgeschwindigkeit 0,7 m/sec, Rohrdurchm. 16 mm.)

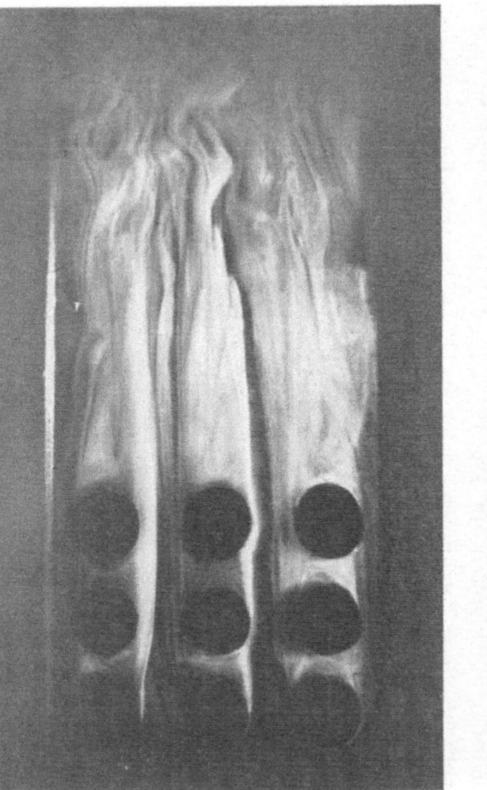
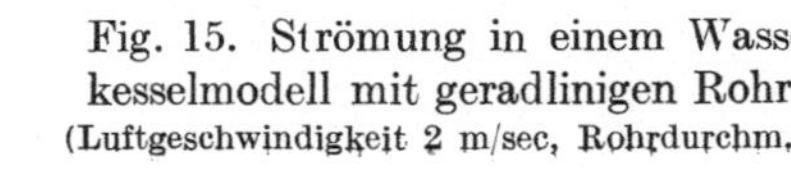

Fig. 15. Strömung in einem Wasserrohrkesselmodell mit geradlinigen Rohrreihen.
(Luftgeschwindigkeit 2 m/sec, Rohrdurchm. 16 mm.)

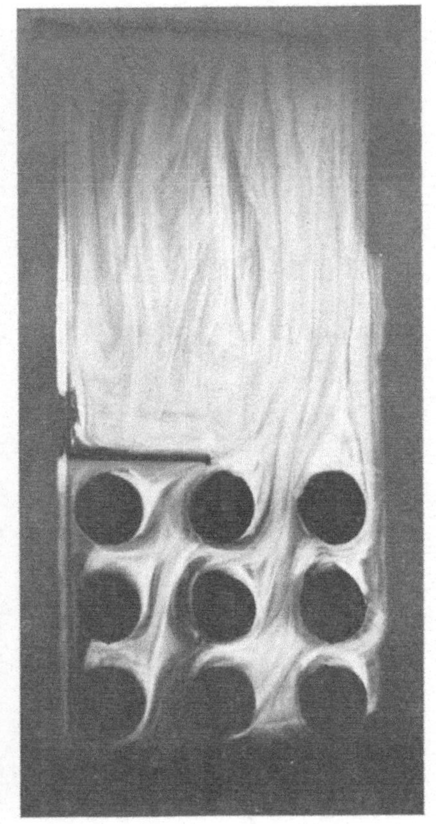

Fig. 16. Strömung in einem Wasserrohrkesselmodell mit eingebautem Schirm.
(Luftgeschwindigkeit 2 m/sec, Rohrdurchm. 16 mm.)

II. Eine Beziehung zwischen Druckhöhenverlust oder Zugbedarf bei Dampfkesseln und der Wärmeaufnahme.

1. Die Berechnung des Druckhöhenverlustes vom gaskinetischen Standpunkt. Die im vorhergehenden Kapitel gebrachten Strömungsbilder vermitteln zunächst nur eine Vorstellung von der Form der Strömungen und der Art des Wärmeüberganges. Sie gestatten aber weiterhin eine Auswertung nach zwei Richtungen, und zwar erstens zur Aufstellung einer Beziehung zwischen Druckhöhenverlust und Wärmeübergang im Rohrbündel, und zweitens zur Bestimmung der Wärmeübergangszahlen durch Modellversuche.

Betrachtet man die Strömungsbilder bei Rohrbündeln, so sieht man, vielleicht am klarsten auf Fig. 12, daß zwischen den Rohren und den nachfolgenden Toträumen sich ein Flüssigkeitsstrahl von ziemlich gleichförmigem Querschnitt und demnach auch wohl recht gleichmäßiger Geschwindigkeit bildet. Nur unmittelbar vor jedem Rohr ist ein kleiner Stauraum zu finden, welcher aber bei seiner geringen räumlichen Ausdehnung nicht sehr ins Gewicht fallen kann.

Der Wärmeübergang von der Luft — den Heizgasen — auf die Rohrwandungen geschieht nun offenbar, von dem früher entwickelten gastheoretischen Standpunkt aus betrachtet, dadurch, daß die einzelnen, von der sichtbaren Strömung nahe an die Rohrwandungen herangeführten Luftteilchen infolge ihrer raschen — für das Auge des Beobachters allerdings unsichtbaren — Eigenbewegung an die Rohrwandungen anstoßen und bei dieser Gelegenheit sowohl Wärme als auch Bewegungsgröße abgeben. Die von den Rohrwandungen zurückprallenden Luftmoleküle bilden dann durch molekulare Mischung oder Diffusion mit andern Molekülen, welche die Wand nicht ganz erreicht haben, die sichtbare Grenzschicht. Aus den einfachen mechanischen Mischgesetzen geht dabei hervor, daß die makroskopisch sichtbare mittlere Geschwindigkeit in der Grenzschicht in gleicher Weise und in gleichem Maße steigen muß wie die Temperatur, wenn man als Vergleichswert für letztere einerseits die gleichmäßige Temperatur der Rohrwand, andererseits die ebenfalls gleichmäßige Temperatur in der Mitte des zwischen den Rohren strömenden Flüssigkeitsstrahles annimmt. Entsprechend diesen beiden Temperaturwerten ergibt sich nämlich für die Geschwindigkeiten an der Rohrwand der Wert Null, d. h. die Flüssigkeit haftet an der Wand, während außerhalb der Grenzschicht die mit den oben gemachten Einschränkungen gleichmäßige Geschwindigkeit der fast unbeeinflußt von Reibungserscheinungen strömenden Flüssigkeit herrscht.

Die Grenzschicht löst sich nun dicht jenseits der engsten Stelle der durch die Rohrreihen vorgezeichneten Strömungsbahn, kurz „Rohrspalt" genannt, ab und wird dann schließlich durch Reibung von dem strömenden Flüssigkeitsstrahl mitgenommen und ihm beigemischt. Durch die Beimischung der langsam strömenden Grenzschicht wird dem Flüssigkeitsstrahl fortwährend Bewegungsgröße entzogen. Man sieht dies leicht ein, wenn man bedenkt, daß andererseits die Grenzschicht auf der Vorderseite des Rohres stets dadurch wieder neu gebildet oder gewissermaßen gespeist werden muß, daß aus der schnell strömenden Flüssigkeit fortgesetzt Raumteile entnommen und durch Wandreibung auf geringe Geschwindigkeiten abgebremst werden. Damit nun weiterhin der durch Beimischung der langsam strömenden Grenzschicht verzögerte Flüssigkeitsstrom wieder durch die gleichweite nachfolgende Rohrspalte hindurchströmen kann, muß er offenbar insgesamt wieder beschleunigt werden, was nur dadurch möglich ist, daß sich hier ein Druckabfall einstellt. Die Größe dieses Druckabfalles läßt sich aus der Menge der aus der Grenzschicht stammenden, mit geringer Geschwindigkeit und geringer Temperatur dem Flüssigkeitsstrom beigemischten Luft berechnen.

Bezeichnet man mit

t_1 und t_2 die Temperatur der Flüssigkeit und der Rohrwand,

V das in der Zeiteinheit innerhalb des Rohrbündels aus der Grenzschicht losgelöste Volumen,

v das spezifische Volumen der Heizgase,

c_p die spezifische Wärme der Heizgase bei konstantem Druck,

g die Erdbeschleunigung,

f die Querschnittssumme der Rohrspalten (abzüglich der Stärke der Grenzschicht),

w die Geschwindigkeit der Heizgase daselbst,

h den Druckhöhenverlust im Rohrbündel,

Q die in der Zeiteinheit vom Rohrbündel aufgenommene Wärmemenge,

so gilt

$$Q = \frac{V}{v}\, c_p\, (t_1 - t_2)\,.$$

Andererseits entsteht durch die Beimischung in der Zeiteinheit ein Ausfall von Bewegungsgröße von dem Betrage $\dfrac{V}{v}\dfrac{w}{g}$. Wenn vorausgesetzt wird, daß in jeder Rohrreihe nur ein kleiner Bruchteil der Gesamtmengen mit der Grenzschicht ausgetauscht wird, so muß die aus dem Produkt von Druckhöhenverlust und Querschnittsfläche gebildete Druckkraft $h \cdot f$ gleich dem in der Zeiteinheit entstehenden Ausfall an Bewegungsgröße sein:

$$h \cdot f = \frac{V}{v}\frac{w}{g}\,.$$

Aus beiden Gleichungen erhält man:

$$Q = f \cdot c_p \cdot g\,(t_1 - t_2) \cdot \frac{h}{w}.$$

Das heißt, bei gegebener Temperaturdifferenz $t_1 - t_2$ ist die in der Zeiteinheit übergehende Wärmemenge einfach dem Quotienten aus Druckhöhenverlust und Geschwindigkeit der Heizgase proportional. Als Proportionalitätsfaktor erscheinen nur der Spaltquerschnitt f, außerdem nur die physikalischen Konstanten c_p und g. Eine willkürlich zu bestimmende Konstante ist aber bemerkenswerterweise nicht vorhanden.

Die gefundene Beziehung zwischen Druckhöhenverlust und Wärmeabgabe ist praktisch wertvoll, weil sie zu berechnen gestattet, wie weit wirtschaftlicherweise die Dampfkesselausnützung durch Steigerung der Heizgasgeschwindigkeiten erhöht werden kann. Es ist schon beobachtet worden, daß mit Steigerung dieser Geschwindigkeiten auch die Wärmeübergangszahlen wachsen. Der gleichzeitig anwachsende Druckhöhenverlust im Kessel und die damit notwendig verknüpfte Vergrößerung der Ventilationsmaschinen zieht aber offenbar dieser Leistungssteigerung eine Grenze. Auf diese für den Dampfkesselbau wichtigen Fragen soll später näher eingegangen werden.

Es sei noch kurz bemerkt, daß für praktische Zwecke diejenige Heizflächenanordnung am günstigsten ist, welche bei möglichst kleiner Heizgasgeschwindigkeit w möglichst große Druckhöhenverluste ergibt. Darum werden Heizrohre weniger günstig sein als Wasserrohre, weil in den stets recht langen Heizrohren die Grenzschicht allmählich zu beträchtlicher Dicke anschwillt, und die Reibungskräfte bei gegebener Geschwindigkeit schließlich klein werden. Im Gegensatz dazu werden Wasserrohre vom Heizgasstrom stets frisch angeblasen, und die immer wieder frisch gebildete Grenzschicht bleibt dünn, was verhältnismäßig große Wandreibung bei gegebener Geschwindigkeit bedingt.

2. Versuche über den Druckhöhenverlust. Wenn wir daran gehen wollen, an Hand von Versuchsresultaten die im vorhergehenden Absatz aus gaskinetischen und strömungstechnischen Betrachtungen abgeleitete Beziehung zwischen Druckhöhenverlust und Wärmeaufnahme nachzuprüfen, so ist zu beachten, daß außer dem in unserer Gleichung erscheinenden, durch die Wandreibung bedingten Druckhöhenverlust noch eine gewisse Druckhöhe aufzuwenden ist, um die Heizgase beim Eintritt in das Rohrsystem einmalig auf die Geschwindigkeit w zu beschleunigen. Beim Austritt aus dem Rohrsystem wird infolge der Unvollkommenheiten der Verzögerung bei den üblichen Verhältnissen nur ein Teil wiedergewonnen. Bei Wasserrohrkesseln entstehen ferner sehr erhebliche Druckverluste dort, wo die Heizgase durch die gebräuchlichen eingebauten Wände umgelenkt werden. Diese Druckverluste lassen sich zwar einigermaßen abschätzen, bei der Nachprüfung unserer Formel an praktischen Dampfkesselversuchen sind sie aber sehr störend, weil sie etwa die Hälfte des gemessenen, gesamten Druckverlustes ausmachen. Eine sichere Bestätigung der Formel ist hier also nicht zu erwarten.

Bei dem von Fuchs untersuchten Wasserrohrkessel auf Grube Renate[1]) beträgt beispielsweise bei einer stündlich verbrannten Braunkohlenmenge von 3295 kg (Versuch 5) der Druckhöhenverlust im Kessel 9,6 mm Wassersäule. Die Geschwindigkeit der Heizgase ist verhältnismäßig wenig veränderlich; im Mittel ist sie etwa 7 m/sec.

Bei dem fünfmaligen Austritt der Heizgase aus den Rohrbündeln gehen annähernd 2 mm WS verloren. Einen gleichgroßen Betrag muß man nach den Erfahrungen über Verluste in Rohrkrümmungen für die dreimalige Umlenkung des Heizgasstromes ansetzen. Endlich sind noch, wie eine hier nicht im einzelnen wiederzugebende eingehende Einzelberechnung von Auf- und Abtrieb in den auf- und absteigenden Kesselzügen zeigt, 0,3 mm WS abzuziehen für den Abtrieb, den die verschieden hoch erwärmten und demnach verschieden gewichtigen Heizgase beim Auf- und Absteigen innerhalb des Kessels erleiden. Es verbleibt schließlich ein Nettodruckverlust von 5,3 mm WS oder auch 5,3 kg/m².

Bevor dieser in unsere Formel

$$Q = f \cdot c_p \cdot g\,(t_1 - t_2)\,\frac{h}{w}$$

eingeführt wird, ist es zweckmäßig, diese so umzugestalten, daß die in der Technik gebräuchliche Wärmeübergangszahl erscheint, die selbst bestimmt ist durch die Gleichung:

$$\alpha = \frac{3600\,Q}{F\,(t_1 - t_2)},$$

wobei F die Heizfläche des Dampfkessels ist.

Durch einfaches Einsetzen dieses Wertes α in die vorhergehende Gleichung ergibt sich:

$$\alpha = 3600 \cdot \frac{f}{F} \cdot c_p \cdot g \cdot \frac{h}{w}.$$

Für den vorliegenden Kessel ist:

$f = 2{,}3$ m²,

$F = 355$ m² (einschließlich Überhitzer),

$c_p = 0{,}27$ Cal/kg ° C,

$g = 9{,}81$ m/sec²,

$h = 5{,}3$ kg/m²,

$w = 7$ m/sec.

---

[1]) Vgl. Zeitschr. d. V. dtsch. Ing. 1909, S. 262.

Danach berechnet sich α zu

$$\alpha = 3600 \frac{2,3}{355} \cdot 0,27 \cdot 9,81 \frac{5,3}{7} = 47 \frac{\text{Cal}}{\text{m}^2\text{st}\,^\circ\text{C}}.$$

Mit dem von Fuchs gemessenen Werte $\alpha = 41,8$ (für die Dampfkesselheizfläche allein) steht dies in befriedigender Übereinstimmung.

Eine bessere Stütze findet unsere Formel an den sorgfältigen Versuchen, welche Rietschel[1]) mit verschiedenen Heizkörpern ausgeführt hat. Daß sie bei dessen Versuchen mit Heizrohrkesseln zutrifft, ist weniger erstaunlich, als ihre Bestätigung bei dem gleichfalls untersuchten Sturtevant-Heizkörper, in welchem die Luft ähnlich wie bei einem Wasserrohrkessel mit versetzten Rohrreihen um die mit Dampf geheizten Rohrreihen herumströmt. Ich will daher nur für einige Versuche mit dem Sturtevant-Heizkörper die Nachrechnung hier ausführen.

Beispielsweise hat Rietschel an dem vierreihigen Sturtevant-Heizkörper bei einer Luftgeschwindigkeit $w = 10$ m/sec einen Druckhöhenverlust von 10,7 mm Wassersäule = 10,7 kg/m^2 gemessen. Wenn beim Austritt aus dem Rohrbündel die halbe Geschwindigkeitshöhe als verloren anzusehen ist, so muß hiervon der Betrag

$$\frac{0,5 \cdot w^2}{2\,g \cdot v} = \frac{0,5 \cdot 10^2}{2 \cdot 9,81 \cdot 0,77} = 3,30 \text{ kg/m}^2$$

abgezogen werden, so daß als Nettodruckverlust verbleibt:

$$h = 10,7 - 3,3 = 7,4 \text{ kg/m}^2.$$

Für die übrigen Zahlen gelten folgende Werte:

Spaltquerschnitt . . . . $f = 0,0238$ m^2
Heizfläche für 4 Rohrreihen . . . . $F = 1,87$ m^2,
Spez. Wärme der Luft bei 0° . . . . $c_p = 0,24$ Cal/kg $^\circ$ C,
Luftgeschwindigkeit . . . . $w = 10$ m/sec,
Erdbeschleunigung . . . . $g = 9,81$ m/sec,
Spez. Volumen der Luft bei 0° . . . . $v = 0,77$ m^3/kg.

Daraus berechnet sich die Wärmeübergangszahl α wie folgt:

$$\alpha = 3600 \frac{f}{F} \cdot c_p \cdot g \frac{h}{w} = 3600 \cdot \frac{0,0238}{1,87} \cdot 0,24 \cdot 9,81 \cdot \frac{7,4}{10} = 79,5 \frac{\text{Cal}}{\text{m}^2\text{st}\,^\circ\text{C}}.$$

Von Rietschel gemessen wurde in diesem Falle $\alpha = 81,9$.

In ähnlicher Weise wurden weitere Werte der Wärmeübergangszahl für 5,10 und 20 m/sec Luftgeschwindigkeit, und zwar für den mit zwei und den mit vier Rohrreihen ausgerüsteten Heizkörper aus dem

---

[1]) Mitteilungen der Prüfungsanstalt für Heizungs- und Lüftungseinrichtungen Heft 3. München 1910.

Druckhöhenverlust berechnet und in folgender Zahlentafel den unmittelbar gemessenen Werten gegenübergestellt.

Zahlentafel.

Luftgeschwindigkeit		5 m/sec	10 m/sec	20 m/sec
4 Rohrreihen	k berechnet	51	79,5	129
	k gemessen	54,4	81,9	123,3
2 Rohrreihen	k berechnet	46	70	108
	k gemessen	47,4	71,3	107,4

Man könnte vielleicht einwenden, daß die getroffene Annahme über den Druckhöhenverlust beim Austritt aus dem Rohrbündel, kurz „Austrittsverlust", willkürlich ist und Unsicherheit mit sich bringt. Die unmittelbare Beobachtung an einem dem Sturtevant-Heizkörper nachgebildeten Modell zeigt, daß auch hier die Strahlablösung bald hinter dem engsten Querschnitt beginnt, und der hier nur 5 mm breite Strahl nur wenig verzögert und verbreitert wird und dann frei in seine jenseits des Rohrbündels auf 38 mm erweiterte Strombahn eintritt (s. Fig. 17). Nach hydraulischen Grundsätzen kann bei einer so starken, mit Strahlablösung verknüpften Erweiterung tatsächlich kein nennenswerter Druckwiedergewinn eintreten. Außerdem ist zu bemerken, daß für den angenommenen Austrittsverlust, welcher unabhängig von der Rohrreihenzahl in gleicher Weise abgesetzt wurde, sowohl die Wärmeüber

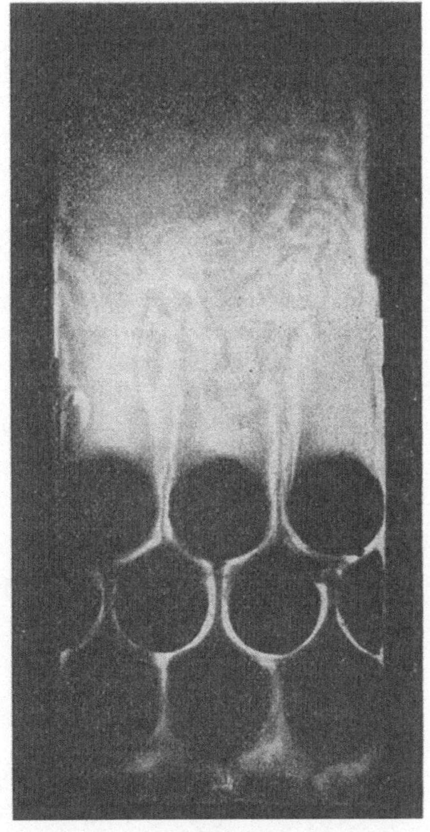

Fig. 17. Strömung in einem Sturtevant-Heizkörper.

gangszahl für vier als auch für zwei Rohrreihen richtig getroffen wird. Wenn man nun auch die Größe des Austrittsverlustes als unsicher und unbestimmt betrachtet, so geht doch aus der Sachlage hervor, daß der zwischen der zweiten und vierten Rohrreihe auftretende Druckhöhenverlust, welcher unmittelbar aus den gemessenen Werten hervorgeht, mit großer Schärfe der Wärmeabgabe der dritten und vierten Rohrreihe entspricht, was eine ausreichende Bestätigung der abgeleiteten Beziehung zwischen Wärmeabgabe und Druckhöhenverlust ergibt.

III. Bestimmung der Wärmeübergangszahlen durch Modellversuche.

1. Die Analogie zwischen Diffusion und Wärmeübergang. Die oben beschriebenen Modellversuche gestatten ferner auch eine unmittelbare und praktisch sehr bequeme Bestimmung von Wärmeübergangszahlen für beliebige Heizkörper und Geschwindigkeiten, und zwar mit Hilfe von zahlenmäßig durchgeführten Diffusionsversuchen. Diesem Verfahren liegen die nachfolgend gebrachten Beziehungen zugrunde:

Bezeichnet man mit

λ die Wärmeleitfähigkeit

c_p die spez. Wärme der Gewichtseinheit

v das spez. Volumen $\Big\}$ der Heizgase,

w_x, w_y, w_z die Geschwindigkeitskomponenten nach den Raumkoordinaten x, y, z

$\varkappa$ die Diffusionskonstante

p der Partialdruck $\Big\}$ des diffundierenden Gases,

x, y, z die Raumkoordinaten für den Wärmeübergangsversuch,

ξ, η, φ „ „ „ „ Modellversuch,

t „ Zeitvariable für den Wärmeübergangsversuch,

τ „ „ „ „ Modellversuch,

ϑ die Temperatur,

so gelten folgende Differentialgleichungen

1. für den Wärmeübergang:

$$\frac{c_p}{v}\left(\frac{\partial\vartheta}{\partial t} + w_x\frac{\partial\vartheta}{\partial x} + w_y\frac{\partial\vartheta}{\partial y} + w_z\frac{\partial\vartheta}{\partial z}\right) = \lambda\left(\frac{\partial^2\vartheta}{\partial x^2} + \frac{\partial^2\vartheta}{\partial y^2} + \frac{\partial^2\vartheta}{\partial z^2}\right).$$

2. für die Diffusion:

$$\frac{\partial p}{\partial\tau} + w_\xi\frac{\partial p}{\partial\xi} + w_\eta\frac{\partial p}{\partial v} + w_\varphi\frac{\partial p}{\partial\varphi} = \varkappa\left(\frac{\partial^2 p}{\partial\xi^2} + \frac{\partial^2 p}{\partial v^2} + \frac{\partial^2 p}{\partial\varphi^2}\right).$$

Beide Differentialgleichungen sind identisch, wenn $\varkappa = \dfrac{\lambda v}{c_p}$ ist und außerdem die Geschwindigkeiten w unverändert bleiben. Man hat also vorerst dafür zu sorgen, daß beim Diffusionsversuch die Strömung unverändert so wie bei dem eigentlich zu erforschenden Wärmeübertragungsvorgang bleibt. Falls das Modell in kleinerem Maßstab als der ursprüngliche im Modell zu prüfende Heizkörper hergestellt wird, muß die Strömung zumindest geometrisch ähnlich der Strömung im Heizkörper verlaufen. Dies ist der Fall, wenn die Reynoldsche Zahl $\dfrac{w\,d}{v\,\eta}$ sowohl für das Modell als auch für den Originalheizkörper den gleichen Wert hat. d bedeutet dabei eine beliebige geometrische Abmessung des Heizkörpers bzw. des Modells, beispielsweise etwa den Rohrdurchmesser, η die Gaszähigkeit. Bei gegebenem Größenverhältnis von Modell zum Originalheizkörper ist damit bestimmt, wievielmal größer als bei dem wirklichen Wärmeübergangsvorgang die beim Modellversuch zu wählenden Geschwindigkeiten sein müssen. Das hierdurch gegebene Vergrößerungsverhältnis für die Geschwindigkeiten beim Modellversuch wollen wir n nennen. Im übrigen sei auch noch darauf hingewiesen, daß n auch noch von etwaigen Änderungen des spezifischen Volumens v und der Zähigkeit η abhängt, wie dies etwa in Frage kommt, wenn man mit Modellversuchen, die bei Zimmertemperatur ausgeführt werden sollen, den Wärmeübergang bei hocherhitzten Heizgasen erforschen will.

Will man nun die beim Modellversuch auftretenden Geschwindigkeiten durch die am Heizkörper meßbaren ausdrücken, so muß man bedenken, daß erstens die Abmessungen n mal kleiner, und außerdem die Geschwindigkeiten n mal größer sind. Wenn man sich etwa vorstellt, daß bei dem vorliegenden Strömungsvorgang periodische Wirbel auftreten, so wird die Frequenz dieser Wirbel, welche beim Heizkörper und beim Modell geometrisch ähnlich sein müssen, bei dem n fach kleineren und dabei noch mit n fach größerer Geschwindigkeit umströmten Modell n^2 mal so groß sein. Wenn demnach die Funktion $w = F(t)$ die Strömungsgeschwindigkeit beim Heizkörper darstellt, so wäre bei dem Modell $w = F(t n^2)$ die maßgebende Strömungsgleichung. Wird daher beim Modellversuch das n fache der Strömungsgeschwindigkeiten am Heizkörper w eingeführt, so kann man auch an Stelle der Zeitvariablen τ des Modellversuches $t n^2$ einsetzen. Danach läßt sich die Diffusionsgleichung schreiben:

$$n^2 \frac{\partial p}{\partial t} + n^2 w_x \frac{\partial p}{\partial x} + n^2 w_y \frac{\partial p}{\partial y} + n^2 \frac{\partial p}{\partial z} = n^2 \varkappa \left(\frac{\partial^2 p}{\partial x^2} + \frac{\partial^2 p}{\partial y^2} + \frac{\partial^2 p}{\partial z^2} \right).$$

Da sich der Faktor n^2 weghebt, sind die Differentialgleichungen für die Temperatur ϑ und den Partialdruck p identisch, und Wärmeübergang und Diffusionsvorgang sind einander in der Tat ähnlich, wenn erstens die obenerwähnte Reynoldsche Zahl $\dfrac{w\,d}{v\,\eta}$ für Heizkörper und Modell gleich ist, und zweitens die Diffusionskonstante der Bedingung $\varkappa = \dfrac{\lambda v}{c_p}$ genügt.

Werden diese Bedingungen erfüllt, so fällt auch die durch das mathematisch nicht lösbare Integral dieser Differentialgleichungen bedingte zeitliche und räumliche Aufeinanderfolge von Temperatur beim Heizkörper ϑ und Partialdruck beim Diffusionsversuch p gleichartig aus, wenn nebenher noch die Grenzbedingungen für den Wärmeübergangsvorgang und den Diffusionsvorgang dieselben sind. Dies ist aber in der Regel leicht zu erreichen. Meist handelt es sich dabei um das Folgende:

1. Die zuströmenden Heizgase haben gleichmäßig eine Temperatur ϑ_1. Dementsprechend muß man auch das zum Diffusionsvorgang benutzte Gas gleichmäßig der Versuchsluft beimengen, so daß in der eintretenden Luft sein Partialdruck überall gleichmäßig einen gewissen Wert p_1 hat.

2. An den Oberflächen des Heizkörpers herrscht gleichmäßig eine Temperatur ϑ_2.

Letzteres ist nämlich der bei Dampfkesseln meist ins Auge zu fassende Fall. Der Temperaturabfall in den Wandungen der Heiz- oder Wasserrohre sowie an der wasserberührten Oberfläche derselben ist hier in der Regel verschwindend klein gegen den Temperatursprung an der feuerberührten Heizfläche. Einer derartigen Grenzbedingung wird beim Diffusionsversuch dadurch am besten Rechnung getragen, daß man für die chemische Reaktion an der Oberfläche der porösen und getränkten Modelloberflächen so heftig wirkende Agentien nimmt, daß hier das Diffusionsgas nahezu vollständig aus der Luft entfernt wird, und in der unmittelbaren Nähe der Oberfläche des Modells der Partialdruck des Diffusionsgases gleich Null wird. Wenn dies nicht ganz erreicht wird, und an den am stärksten durch den Diffusionsvorgang belasteten Oberflächen ein geringer Partialdruck erhalten bleibt, so wirkt er in ähnlicher Weise wie eine geringfügige Wärmestauung an den meist beanspruchten Heizflächen. Man könnte daher auch daran denken, den Einfluß dieser Erscheinung im Modellversuch zu erforschen. In vielen Fällen kann man hiervon absehen und den Partialdruck p_2 unmittelbar an der Heizfläche gleich Null setzen. An der Heizkörperoberfläche verschwindet dann das Diffusionsgas, eine Erscheinung, welche in Analogie steht mit der Volumenverminderung der an der Dampfkesseloberfläche abgekühlten Heizgase. Damit hierdurch die Strömung der Heizgase nicht merklich verändert werde, ist es notwendig, das Diffusionsgas in sehr starker Verdünnung den Heizgasen beizumischen. Dies ist praktisch unschwer zu erfüllen. Man erhält dann aus dem Modellversuch Wärmeübergangszahlen, welche für mäßige Temperaturdifferenzen gelten, bei welchen die Volumenverminderung der abgekühlten Heizgase zu vernachlässigen ist. Es ist klar, daß man aber auch unschwer die Erscheinungen bei großen Temperaturdifferenzen am Modellversuch erforschen könnte, wenn man das Diffusionsgas in bekannter und gleichförmiger Konzentration der Versuchsluft beimischt.

2. Berechnung der Wärmeübergangszahl aus Modellversuchen. Nachdem im vorhergehenden Absatz nachgewiesen wurde, daß zwischen Diffusion und Wärmeübergang bei entsprechender Wahl der Grenzbedingungen eine weitgehende Analogie, ja fast Identität besteht, weil ja die Differentialgleichungen für beide Vorgänge dieselben sind, ist es auch leicht möglich, an Hand der in großen Zügen oben beschriebenen Modellversuche sogar die Zahlenwerte für den Wärmeübergang mit nahezu beliebiger Genauigkeit zu berechnen bzw. zu messen. Führt man nämlich an Stelle der Temperatur ϑ der Heizgase deren Übertemperatur in bezug auf die Heizkörperoberfläche $\vartheta' = \vartheta - \vartheta_2$ ein, so gelten nach den obenstehenden Überlegungen für die Übertemperatur ϑ' und den Partialdruck des Diffusionsgases p die Grenzbedingungen:

1. In der zuströmenden Luft:

für den Warmeübergang $\vartheta' = \vartheta_1'$,   für den Diffusionsversuch $p = p_1$,

2. An der Heizkörperoberfläche:

für den Wärmeübergang $\vartheta' = 0$,   für den Diffusionsversuch $p = 0$.

Entsprechende Werte ϑ' und p müssen daher zu beliebiger Zeit und an allen Orten einander proportional sein; als Proportionalitätsfaktor für p erscheint der Quotient $\dfrac{p_1}{\vartheta_1}$.

Die numerische Auswertung des Diffusionsversuches gelingt nun auf folgendem Wege. In hinreichend weiter Entfernung hinter dem Heizkörper wird man sich in der Strombahn eine Stelle denken können, in welcher die Temperatur $\vartheta = \vartheta_3$ und entsprechend beim Diffusionsversuch der Partialdruck $p = p_3$ wieder gleichförmige Werte angenommen haben. Bildet man für die Versuchsdauer τ das Zeitintegral

$$\int\limits^{\tau} \frac{p_3 V}{RT}\, dt\,,$$

wobei V das in der Zeiteinheit den Heizkörper durchströmende Heizgasvolumen,

RT Gaskonstante und absolute Temperatur bedeuten,

so erkennt man leicht, daß der Wert dieses Integrals gleich der während des Diffusionsversuches aus dem Heizkörpermodell ausgestoßenen Gewichtsmenge des Diffusionsgases ist. Ähnlich ist der Zusammenhang zwischen p_1 und der eingeführten Gewichtsmenge.

Diese ein- und austretenden Gewichtsmengen sind, wie oben erklärt wurde, den beim Wärmeübergangsversuch feststellbaren Übertempera-

turen ϑ_1' und ϑ_3' der Heizgase am Ein- und Austritt aus dem Heizkörper proportional. Also gilt die Beziehung

$$\frac{p_1 - p_3}{p_1} = \frac{\vartheta_1' - \vartheta_3'}{\vartheta_1'} .$$

Der Quotient $\dfrac{\vartheta_1' - \vartheta_3'}{\vartheta_1'}$ hat eine sehr einfache physikalische Bedeutung. Bei einem Dampfkessel ist er einfach gleich dem Wirkungs-
grad des Kessels (abgesehen von den äußeren Verlusten durch Ausstrahlung usw.), bezogen auf das Temperaturniveau der Kesselwandungen. Gewöhnlich pflegt man den Wirkungsgrad schlechthin auf
die Temperatur der zugeführten Verbrennungsluft zu beziehen und dann
noch die Verluste in der Feuerung usw. mit zu berücksichtigen. Wir
wollen daher die Größe $\dfrac{\vartheta_1' - \vartheta_1'}{\vartheta_1'}$, welche die Wärmeeigenschaften
der Heizfläche, losgelöst von den äußeren Umständen, kennzeichnet,
mit „Gütegrad" benennen und ihr die Bezeichnung ε geben.

Aus ε kann man leicht die technisch gebräuchliche Wärmeübergangszahl α, welche auf Quadratmeter, Stunden und Celsiusgrade als Maß-
einheit bezogen wird, berechnen. Es ist nämlich mit den auf S. 35 gebrauchten Bezeichnungen[1])

$$\alpha = 3600 \cdot \frac{w \cdot f \cdot c_p}{F \cdot v} \cdot \log \mathrm{nat} \left(\frac{1}{1 - \varepsilon} \right) .$$

ε kann, wie aus obenstehender Gleichung zu ersehen ist, bei dem Diffusionsversuch durch Wägung oder chemische Bestimmung der von dem
Modell aufgenommenen Gasmenge bestimmt werden; sein Wert ist
einfach gleich dem Verhältnis der von dem Modell aufgenommenen
Gasmenge zur gesamten, der eintretenden Frischluft beigemengten Gasmenge.

Mit Hilfe der aus einem Diffusionsversuche bestimmten Werte von
ε kann daher ohne weiteres die Wärmeübergangszahl α bestimmt werden.
Damit ist die schwierige Aufgabe der Bestimmung von Wärmeübergangszahlen auf sehr einfache Modellversuche zurückgeführt.

3. Ähnlichkeitsbetrachtungen. Werfen wir nochmals einen Rück-
blick auf die im vorhergehenden Absatz aufgestellte Differentialgleichung
des Wärmeüberganges

$$\frac{\partial \vartheta}{\partial t} + w_x \frac{\partial \vartheta}{\partial x} + w_y \frac{\partial \vartheta}{\partial y} + w_z \frac{\partial \vartheta}{\partial z} = \frac{\lambda v}{c_p} \left\{ \frac{\partial^2 \vartheta}{\partial x^2} + \frac{\partial^2 \vartheta}{\partial y^2} + \frac{\partial^2 \vartheta}{\partial z^2} \right\},$$

so sehen wir, daß der Wärmeübergang zunächst abhängt von den Strömungsgeschwindigkeiten w_x, w_y und w_z. Bei geometrisch ähnlichen

---

[1]) S. z. B. Mitteilungen der Prüfungsanstalt für Heizungs- und Lüftungsanlagen
Heft 3, S. 10, Gleichung 4.

Heizkörpern oder Heizkörpermodellen sind auch die Strömungen ähnlich, wenn die Reynoldsche Zahl $\dfrac{w\,d}{v\,\eta}$ unverändert bleibt ($w=$ Luftgeschwindigkeit; $d=$ Rohrdurchmesser; $v=$ spez. Volumen; $\eta=$ Zähigkeit der Heizgase).

Wenn die mechanische Strömung bei verschieden großen ähnlichen Heizkörpern ähnlich bleibt, so bleibt auch die Wärmeströmung ähnlich, wobei noch vorauszusetzen ist, daß die Grenzbedingungen für letztere unverändert bleiben. Formal wäre dies in genau derselben Art zu beweisen, wie auf S. 39 für den Partialdruck p geschehen; man braucht nur für die zunächst noch unbestimmte Temperaturverteilung am kleineren Heizkörper (Heizkörpermodell) ϑ'' zu setzen. Dann ergibt sich, daß ϑ und ϑ'' einander proportional und fernerhin, daß diese Größen bei Gleichheit der Grenzbedingungen sogar numerisch gleich sein müssen. Damit wäre die Ähnlichkeit der Temperaturverteilung erwiesen.

Die in der Zeiteinheit übergehende Wärmemenge, der „Wärmestrom" Q, läßt sich nun folgendermaßen berechnen: Man bildet über die gesamte Heizfläche F das Oberflächenintegral

$$\int\limits^{F} \lambda \frac{\overline{\partial \vartheta}}{\partial N}\, dF\,.$$

N soll dabei die Flächennormale sein. ϑ ist bei der turbulenten oder wirbelnden Strömung nicht nur mit dem Ort, sondern auch mit der Zeit veränderlich. Unter $\overline{\vartheta}$ soll daher der über längere Zeiträume gebildete Mittelwert von ϑ verstanden werden. Gemäß der physikalischen Definition muß der Wert dieses Oberflächenintegrals gleich dem gesuchten Wärmestrom Q sein, weil ja an den Oberflächen wegen der Zähigkeit die mechanische Strömung ruht und daher durch Konvektion keine Wärme übertragen wird.

Es wäre demnach

$$Q = \int\limits^{F} \lambda \frac{\overline{\partial \vartheta}}{\partial N}\, dF\,.$$

Bei mechanisch und wärmetechnisch ähnlichen Strömungen kann man nun setzen:

$$\frac{\overline{\partial \vartheta}}{\partial N} = C\,\frac{t_1 - t_2}{d}\,.$$

t_1 und t_2 sind dabei 2 beliebige Temperaturwerte, etwa Eintrittstemperatur der Heizgase und Temperatur der Rohrwandungen, d irgendeine Größenabmessung, etwa der Durchmesser der Heiz- oder Wasserrohre. Von dem zunächst unbekannten Proportionalitätsfaktor C kann man nur aussagen, daß er eine Funktion der Reynoldschen Zahl $\dfrac{w\,d}{v\,\eta}$

allein ist. Wir wollen für den über F genommenen Mittelwert von C $\varphi\left(\dfrac{w\,d}{v\,\eta}\right)$ schreiben und erhalten damit

$$Q = \lambda\,\frac{t_1 - t_2}{d}\,\varphi\left(\frac{w\,d}{v\,\eta}\right)F\,.$$

Da bei ähnlichen Heizkörpern F dem Quadrat des Rohrdurchmessers proportional ist, kann man (unter Weglassung eines in φ enthaltenen Proportionalitätsfaktors auch schreiben:

$$Q = \lambda\,(t_1 - t_2)\,d \cdot \varphi\left(\frac{w\,d}{v\,\eta}\right)\,.$$

Die stündlich auf den Quadratmeter Heizfläche bei der Temperaturdifferenz $t_1 - t_2$ übergehende Wärmemenge oder, kurz gesagt, die technisch gebräuchliche Wärmeübergangszahl α ergibt sich hieraus zu

$$\alpha = \frac{\lambda}{d}\,\varphi^1\left(\frac{w\,d}{v\,\eta}\right)\,.$$

Die Funktionen φ und φ^1 unterscheiden sich hierbei nur durch einen konstanten Faktor. Danach ist die Wärmeübergangszahl dem Rohrdurchmesser d umgekehrt proportional, wenn man die Gleichheit der Reynoldschen Zahl voraussetzt.

Auf welche Temperaturen t_1 und t_2 die Wärmeübergangszahl α bezogen ist, bleibt gleichgültig, wenn nur in allen Fällen dieselben Temperaturen eingeführt werden. Man pflegt in der Technik eine Art mittlere Übertemperatur einzuführen, welche aus der Vorstellung entspringt, daß 1. alle Heizflächen wärmetechnisch gleichwertig wären, und daß 2. die von den Heizflächen abgegebene Wärmemenge sich sofort gleichmäßig über den Querschnitt der mechanischen Strombahn verteile. Diese Voraussetzungen führen dazu, daß die Übertemperatur, als Funktion der von den Heizgasen bestrichenen Heizfläche betrachtet, sich als Exponentialfunktion darstellt, und dementsprechend als „mittlere Temperatur" ein logarithmischer Mittelwert von Eintritts- und Austrittstemperaturen anzusetzen ist. Gemäß diesen stillschweigenden Voraussetzungen wurde auch schon auf S. 42 der aus dem Diffusionsversuchen hergeleitete Wert der Wärmeübergangszahl α ermittelt.

Die früher gebrachten Strömungsbilder zeigen allerdings schon auf den ersten Blick, daß diese Vorstellung nicht zutrifft. Die Temperatur der Heizgase ist an den verschiedenen Punkten eines Normalquerschnittes zur mechanischen Strömungsrichtung sehr ungleichmäßig, und die Wärmeaufnahme der einzelnen Rohrreihen erweist sich tatsächlich als sehr verschiedenartig. Immerhin ist dies alles zunächst belanglos, wenn nur an Hand einer einheitlichen Vorschrift stets wieder in gleicher Weise gebildete Temperaturwerte in die für die Wärmeübergangszahl α geltende Gleichung auf S. 42 eingeführt werden.

4. Die Abhängigkeit des Wärmeüberganges von der Wärmeleitungskonstanten λ. Wenn man die soeben abgeleiteten Ähnlichkeitsbeziehungen zwischen ähnlichen, aber verschieden großen, verschieden temperierten oder verschieden schnell umströmten Heizkörpern zur rechnerischen Verfolgung wärmetechnischer Aufgaben beanspruchen will, so ist zu beachten, daß dies alles zunächst nur gilt, wenn die Strömung mechanisch und wärmetechnisch ähnlich bleibt. Die verglichenen Heizkörper müssen daher nicht nur geometrisch ähnlich sein, und die Heizgasgeschwindigkeiten w müssen nicht nur so gewählt werden, daß die Reynoldsche Zahl $\dfrac{w\,d}{v\eta}$ unverändert bleibt, sondern es muß außerdem auch die Wärmeleitungszahl λ den gleichen Wert beibehalten.

Nun ist es von besonderem Interesse, die Abhängigkeit des Wärmeüberganges von der Wärmeleitung λ zu erforschen. Bei höherer Lufttemperatur, etwa in hocherhitzten Heizgasen, ist die Wärmeleitung λ nämlich beträchtlich größer.

In sehr einfacher Weise läßt sich diese Abhängigkeit ermitteln, indem man Diffusionsversuche mit verschiedenen Gasen anstellt, bei welchen die Diffusionskonstante $\varkappa$ verschiedene Werte hat. Auf diesem Wege kann man in streng richtiger Weise die Werte der Funktion $\varphi\left(\dfrac{w\,d}{v\eta}\right)$ nicht nur für alle gewünschten Werte von Geschwindigkeit, Zähigkeit und Größenausmaßen des Heizkörpers, sondern auch für verschiedene, durch die Diffusionskonstanten dargestellte Werte der Wärmeleitzahl λ ermitteln.

Sowohl die gaskinetischen Theorien, als auch Versuchsresultate zeigen, daß der Koeffizient in der Differentialgleichung des Wärmeüberganges $\dfrac{\lambda v}{c_p}$ sich mit der Temperatur ebenso stark ändert, wie die Diffusionskonstante $\varkappa$. Durch Diffusionsversuche, welche bei höherer Lufttemperatur angestellt werden, läßt sich daher gleichfalls der Einfluß von λ feststellen. Der angegebene Weg der Verwendung verschiedener Diffusionsgase führt aber schon mit den bei Zimmertemperatur viel bequemer auszuführenden Versuchen zu dem gleichen Ziele.

Da, wie bemerkt, die Funktion φ auch von λ abhängt, ist eine rechnerische Feststellung des Einflusses der Wärmeleitungskonstanten λ auf die Wärmeübergangszahl α nicht möglich, wenigstens nicht mit Hilfe der vorangehenden Dimensionsbetrachtungen, welche uns keinen Einblick in den Mechanismus des Wärmeüberganges gestatten. Dagegen gelingt es mit Hilfe der Vorstellungen, welche wir an Hand der Strömungsbilder gewonnen haben, einiges hierüber auszusagen.

Wir hatten gesehen, daß die Oberflächen der Heizkörper mit verhältnismäßig dünnen Grenzschichten bedeckt sind, in welchen geringe,

nahe der Wand gänzlich verschwindende Strömungsgeschwindigkeiten
herrschen, während die Temperatur in der Grenzschicht nahe der Wand
mit der Wandtemperatur übereinstimmt, um dann am Rand der Grenzschicht allmählich abzufallen (oder anzusteigen) auf die Temperatur
der Heizgase, welche ziemlich gleichförmig ist, soweit sie nicht von
den vorhergehenden Rohrreihen oder Heizflächen abgelöste Grenz-
schichtteile als sehr verschiedenartig gestaltete Wirbelgebilde mit sich
führen. Der Wärmeübergang findet dabei in der Weise statt, daß immer
neue Heizgasvolumina in die Grenzschichten eintreten, dort die Wandtemperatur annehmen, um später wieder in gleicher Menge als Wirbel-
fäden in das Innere des Flüssigkeitsstromes einzuwandern. Offenbar
ist danach die ausgetauschte Wärmemenge proportional zu setzen dem
ausgetauschten Volumen, der spez. Wärme und der Temperaturdifferenz
$t_1 - t_2$ zwischen den Wandungen und dem Innern des Heizgasstromes.
Die mechanischen Größen bleiben bei diesem Wärmeaustausch offenbar
unverändert oder einander ähnlich, sofern die für die mechanische
Strömung maßgebende Reynoldsche Zahl $\dfrac{w\,d}{v\,\eta}$ keine Änderung erfährt,
und der Wärmeübergang ist einfach proportional der in der Volumen-
einheit aufgespeicherten Wärmemenge $\dfrac{c_p}{v}\,(t_1 - t_2)$. Den Einfluß der
Reynoldschen Zahl kann man ähnlich wie früher mit Hilfe einer Funktion
$\varphi'\left(\dfrac{w\,d}{v\,\eta}\right)$ darstellen; φ' ist jetzt nicht mehr von λ abhängig zu denken.
Für die in der Zeiteinheit ausgetauschte Volumenmenge V kann man
schreiben:
$$V \backsim d^2 w\,.$$

Bei unveränderter Reynoldscher Zahl ist aber $w = \dfrac{v\,\eta}{d}$; daraus ergibt
sich für V:
$$V \backsim d\,v\,\eta\,.$$

Damit erhält man für den Wärmestrom Q den Wert
$$Q = c_p\,d\,\eta\,(t_1 - t_2)\,\varphi'\left(\dfrac{w\,d}{v\,\eta}\right),$$

und für die Wärmeübergangszahl α:
$$\alpha = \dfrac{c_p\,\eta}{d}\,\varphi'\left(\dfrac{w\,d}{v\,\eta}\right).$$

Für die meisten Gase ist nun nahezu die Wärmeleitfähigkeit $\lambda = c_p\,\eta$.
Genauer hätte man mit einem Korrektionsfaktor r zu schreiben:
$$\lambda = r \cdot c_p\,\eta\,.$$

Die Werte von r sind wegen der Unsicherheiten, welche bei der ex-
perimentellen Bestimmung von λ obwalten, nicht genau bekannt. An-

genähert ist etwa für 1-, 2-, 3- und 4-atomige Gase $r = 1,5, 1,25, 1,1, 0,93$;
für Wasser bei $0°$, $10°$, $20°$ wird $r = 0,067, 0,10, 0,14$.

Man kann danach auch für α schreiben:

$$\alpha = \frac{\lambda}{r\,d}\,\varphi'\left(\frac{w\,d}{v\,\eta}\right).$$

Damit ist eine formelle Übereinstimmung mit der zunächst nur für
unveränderliches λ geltenden Gleichung hergestellt. Sowohl gaskine-
tische Überlegungen, als auch alle mir bekannten Versuchsresultate
zeigen, daß r in weiten Grenzen von der Temperatur und dem Druck
unabhängig ist, so daß insgesamt die Wärmeübergangszahl der
Wärmeleitfähigkeit λ proportional zu setzen ist. Die Funktion $\varphi'\left(\frac{w\,d}{v\,\eta}\right)$
ist demnach von λ unabhängig. Nur bei Übergang zu andern Gas-
arten sind die Korrekturwerte r zu beachten.

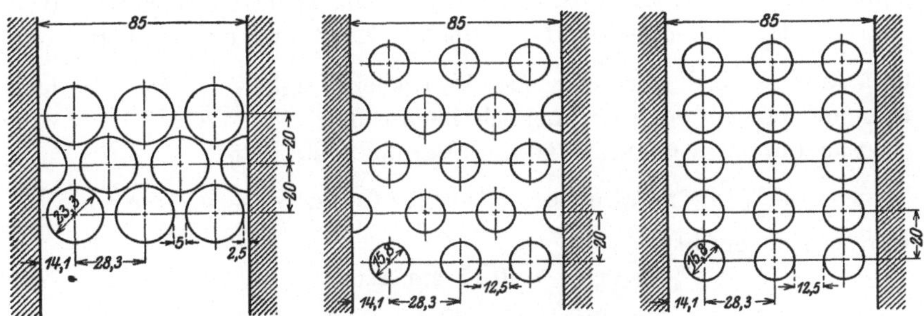

Fig. 18 bis 20. Heizkörpermodelle.

5. Durchführung und Ergebnis der Modellversuche. Der im vorhergehenden Absatz noch nicht ermittelte, also noch vorläufig unbekannte
Wert der Funktion $\varphi'\left(\frac{w\,d}{v\,\eta}\right)$ kann nur durch Versuche erforscht werden,
entweder Wärmeübergangsversuche, oder aber die viel einfacheren, bei
entsprechenden Vorsichtsmaßregeln genau gleichwertigen Modellversuche. Um das Grundsätzliche derartiger Modellversuche zu erproben
und gleichzeitig einige Ergebnisse über Rohrbündel, wie sie in Wasserrohrkesseln gebräuchlich sind, zu sammeln, habe ich mit den drei in
Fig. 18 bis 20 dargestellten Filtrierpapiermodellen in dem Apparat nach
Fig. 1 eine Reihe von Versuchen angestellt. Die Filtrierpapiermodelle
wurden mit konz. Phosphorsäure (spez. Gewicht 1,7) getränkt und dann
in den Apparat eingesetzt. Die Luftgeschwindigkeiten bzw. Luftmengen
wurden, wie früher schon angegeben, durch den Druckabfall bestimmt,
welcher nötig war, um die Luft durch die Meßdüse in Fig. 1 zu saugen.
Als Diffusionsgas wurde Ammoniak benutzt. Zu diesem Zwecke wurde

nach Entfernung des in Fig. 1 dargestellten Luftbefeuchters ein schleier-
artiges Gewebe mit einer in einem Analysengläschen genau abgewogenen
Menge wässeriger Ammoniaklösung getränkt und dann in dem Ein-
lauftrichter des Apparates quer zur Strömungsrichtung ausgebreitet und
aufgehängt. Im Laufe eines etwa $^1/_4$ Stunde beanspruchenden Ver-
suches wurde dann der im Schleier enthaltene Ammoniak langsam ver-
dunstet und so mit der Luft durch das Modell hindurchgesogen.

Die Bestimmung der vom Modell aufgenommenen Ammoniakmenge
geschah folgendermaßen. Die Modelle wurden mit einer genau abgewogenen Menge Säure getränkt; nach dem Versuch konnte man dann
in einfachster Weise durch Titrieren mit verdünnter Ammoniaklösung,
unter Benutzung von Methylorange als Indikator, den Säurerest bestimmen. Durch Differenzbildung ergab sich hieraus die neutralisierte
Säuremenge und mit einfacher Umrechnung die aufgenommene Ammoniakmenge. Das Verhältnis der letzteren zur gesamten eingeführten
Ammoniakdosis ist dann der Gütegrad ε, aus welchem die Wärmeübergangszahlen α berechnet sind, mit der Voraussetzung, daß die Diffusionskonstante $\varkappa$ gleich der bezogenen Wärmeleitfähigkeit $\dfrac{\lambda v}{c_p}$ ist. Das letztere müssen wir noch rechnerisch nachprüfen.

Für Luft von $0°$ und 760 mm Barometerstand ist:

$$\lambda = 0,527 \cdot 10^{-5} \text{ Cal/m/sec}; \quad c_p = 0,24 \text{ Cal/kg}; \quad v = 0,775 \text{ m}^3/\text{kg},$$

woraus sich ergibt:

$$\frac{\lambda v}{c_p} = 0,17 \text{ cm}^2/\text{sec} .$$

Für Ammoniak liegen leider zur Zeit keine unmittelbaren Messungen
der Diffusionskonstanten $\varkappa$ vor. Nach gaskinetischen Methoden läßt
sich dieser Diffusionskoeffizient berechnen aus den bekannten Werten
der Gaszähigkeit und daraus abgeleiteten Größen.

Nach Jaeger[1]) ist, wenn das diffundierende Gas in sehr starker
Verdünnung angewendet wird, was ja bei den Versuchen der Fall war,
der Diffusionskoeffizient $\varkappa$ angenähert:

$$\varkappa = \tfrac{1}{3} l c .$$

l ist die mittlere Weglänge des Ammoniakmoleküles und zu $0,71 \cdot 10^{-5}$ cm
ermittelt; c ist dessen mittlere Geschwindigkeit und beträgt 579 m/sec
$= 0,579 \cdot 10^{-5}$ cm/sec. Daraus erhält man für $\varkappa$:

$$\varkappa = \tfrac{1}{3} \cdot 0,71 \cdot 0,579 = 0,137 \text{ cm}^2/\text{sec} .$$

Für die Konstante der Wärmeleitungsgleichung hatten wir oben den
Wert $\dfrac{\lambda v}{c_p} = 0,17$ cm²/sec gefunden. Danach hätte man also die Er-

---

[1]) Handwörterbuch der Naturwissenschaften V, S. 770.

gebnisse der Diffusionsversuche mit dem Faktor 0,17/0,137 = rd. 1,25 zu multiplizieren, um die Wärmeübergangszahl zu ermitteln.

Die Ergebnisse der Versuche sind in der folgenden Zahlentafel zusammengetragen und die errechneten Werte der Wärmeübergangszahl im Diagramm Fig. 21 aufgetragen, und zwar unter Benutzung logarithmischer Maßstäbe. Man sieht, daß in diesem Diagramm die einzelnen Ver-

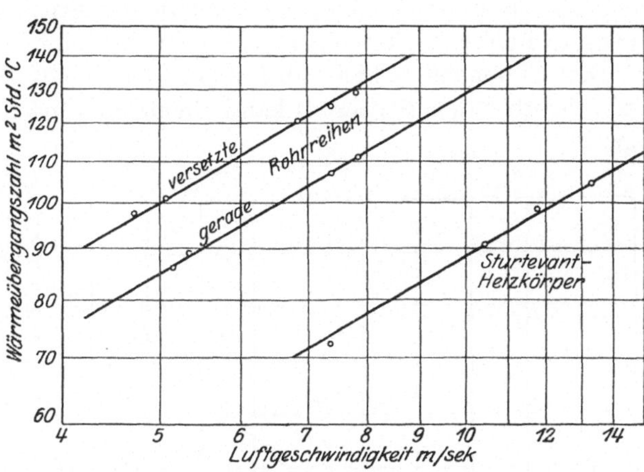

Fig. 21. Wärmeübergangszahlen nach den Modellversuchen.

suchspunkte mit genügender Näherung auf einer mit dem Neigungswinkel tang α etwa = 0,6 gezogenen Geraden liegen. Damit wird die auch schon von anderer Seite gemachte Erfahrung bestätigt, daß unsere Funktion $\varphi\left(\dfrac{wd}{v\eta}\right)$ sich darstellen läßt als:

$$\varphi\left(\frac{wd}{v\eta}\right) = C\left(\frac{wd}{v\eta}\right)^n.$$

Zahlentafel.

Diffusionsversuche mit Heizkörpermodellen.

Versuch Nr.	Luft-geschwindigkeit	Ammoniakmenge		Gütegrad v. H.	Wärmeübergangs-zahl Cal/m²st °C
		gesamte g	absorbierte g		
A. Sturtevant - Heizkörper (Fig. 18).					
1	11,68	4,18	1,06	25,3	99
2	13,35	7,46	1,77	23,7	105
3	10,45	6,39	1,66	26,0	91
4	7,35	7,36	2,14	29,1	72
B. Wasserrohrkessel, versetzte Rohrreihen (Fig. 19).					
5	5,07	5,14	1,39	27,0	101
6	4,70	10,20	2,84	27,8	97
7	6,86	7,32	1,76	24,1	120
8	7,38	8,09	1,89	23,4	125
9	7,80	10,24	2,15	21,0	129
C. Wasserrohrkessel, gerade Rohrreihen (Fig. 20).					
10	5,32	5,02	1,16	23,2	89
11	5,15	12,02	2,79	23,2	86,3
12	7,37	7,07	1,45	20,5	107,5
13	7,80	8,12	1,63	20,1	111

Ausnehmen muß man von dieser einfachen Regel nur solche Bereiche, wo plötzliche Änderungen des Strömungsbildes auftreten, z. B. bei dem Übergang von laminarer zu turbulenter Strömungsform, was aber in den technisch in Betracht zu ziehenden Fällen meist nicht vorkommt.

Der Exponent n hat dabei erfahrungsgemäß Werte zwischen 0,5 und 0,8; über den Beiwert C kann allgemein zunächst nichts ausgesagt werden.

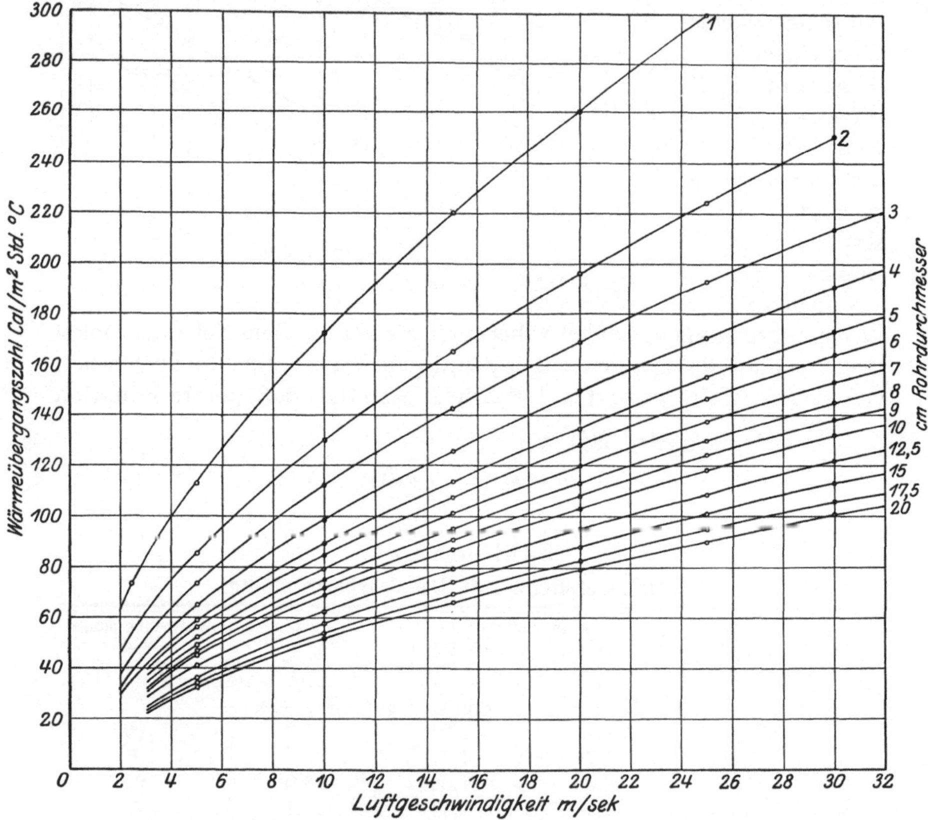

Fig. 22. Wärmeübergangzahlen für Wasserrohrkessel mit versetzten Rohrreihen, bei 0° C.

Das hier geprüfte Modell Fig. 18 ist ein geometrisch ähnliches Abbild eines Sturtevantheizkörpers, mit welchem Rietschel die bereits oben erwähnten sehr ausführlichen Versuche angestellt hat. Der Exponent n zeigt, wie zu erwarten war, gute Übereinstimmung mit Rietschels Wert $n = 0,59$; auch der Beiwert C ist anscheinend bis auf wenige Prozente richtig ermittelt.

In allgemeinerer Form und für verschiedene Rohrdurchmesser lauten danach die Gleichungen der Wärmeübergangszahlen für Wasserrohrkessel mit versetzten Rohrreihen nach Fig. 19:

$$\alpha = 43{,}5 \, \frac{w^{0,6}}{d^{0,4}} \; \text{Cal/m}^2 \text{st} \,^\circ\text{C}$$

(w Luftgeschwindigkeit in m/sec, d äußerer Rohrdurchmesser in cm), für geradlinig angeordnete Rohrreihen nach Fig. 20:

$$\alpha = 36{,}5 \, \frac{w^{0,6}}{d^{0,4}} \; \text{Cal/m}^2 \text{st} \,^\circ\text{C} \,.$$

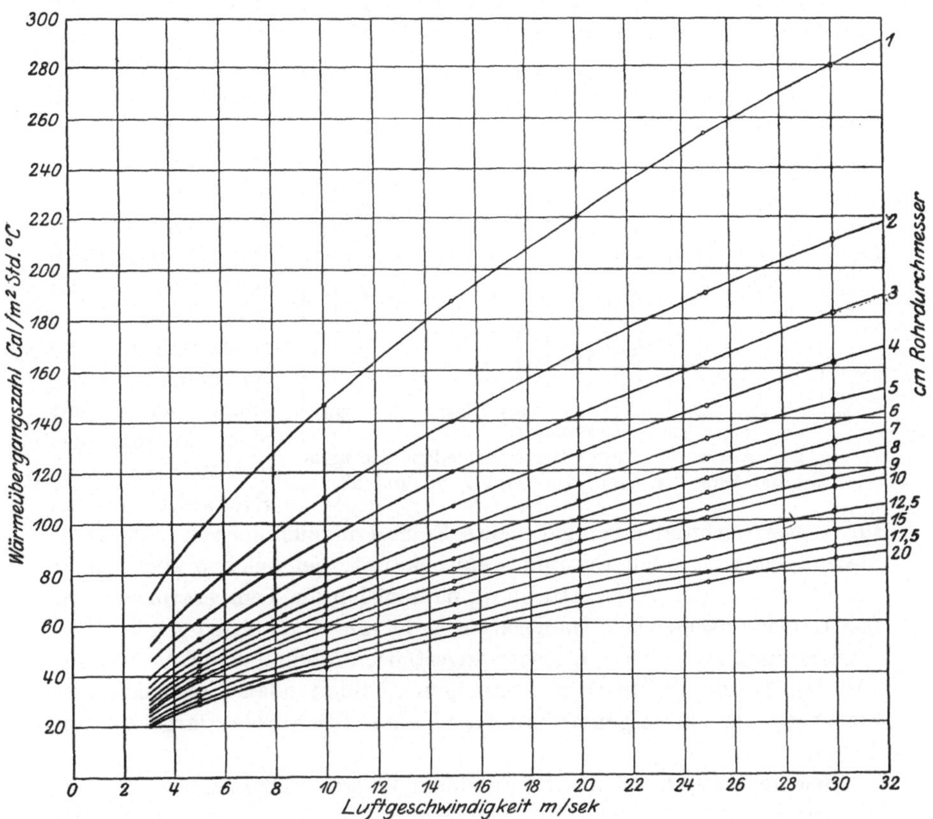

Fig. 23. Wärmeübergangszahlen für Wasserrohrkessel mit geradlinigen Rohrreihen, bei 0° C.

Danach habe ich die Diagrammblätter Fig. 22 und 23 aufgezeichnet, aus welchen die Wärmeübergangszahlen für verschiedene Rohrdurchmesser und Geschwindigkeiten und zwar für Luft bei 0° und 760 mm Barometerstand zu entnehmen sind.

4*

Ferner sind in Fig. 24 aufgetragen die Werte von $\lambda \left(\dfrac{1}{v\eta}\right)^n$ für Luft von $0°$ bis $1000°$ C; anstatt des wenig genau bekannten λ sind gemäß S. 46 die Werte $c_p \cdot \eta$ eingesetzt. Der Maßstab ist so gewählt, daß man als Ordinate unmittelbar die Berichtigungsfaktoren entnehmen kann, n it welchen die aus den Kurven Fig. 22 oder 23 entnommenen Werte der Wärmeleitungszahlen zu multiplizieren sind, um bei gegebener Lufttemperatur die tatsächlich zu erwartenden Wärmeleitzahlen zu erhalten.

6. Vergleich der Modellversuche mit bekannten Wärmeübergangsmessungen. Selbstverständlich wäre es von größtem Werte, an Hand möglichst zuverlässiger und zahlreicher Wärmeübergangsmessungen an Kesseln eine Bestätigung der oben abgeleiteten Methoden für die Bestimmung der Wärmeübergangszahlen aus Modellversuchen zu gewinnen. Leider gibt es jedoch an zuverlässigen und genauen Versuchen, außer den bereits oben herangezogenen Messungen von Rietschel zumal

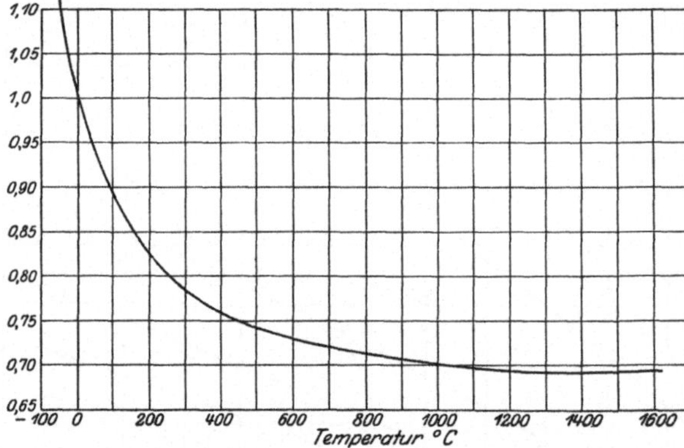

Fig. 24. Korrektionskurve für verschiedene Heizgastemperaturen aus den Kurven Fig. 22 und 23.

für Wasserrohrbündel, fast gar nichts. Es sind nur ziemlich rohe technische Messungen an großen Dampfkesseln bekannt, bei welchen aber infolge des Einflusses der Wärmestrahlung namentlich die Temperaturmessung fast immer unsicher ist. Immerhin scheint mir eine befriedigende Übereinstimmung zwischen den bisher angestellten Modellversuchen und den aus den besten technischen Messungen abzuleitenden Ergebnissen zu bestehen, was im folgenden an Hand einer Stichprobe dargetan werden soll.

Beispielsweise hat Fuchs[1] an einem Wasserrohrkessel eine Wärmeübergangszahl von 41,8 Cal/m²st gemessen; die Heizgasgeschwindigkeit betrug dabei etwa 7 m/sec, die Heizgastemperatur im Mittel etwa 400°. Der Durchmesser der Wasserrohre betrug bei diesem Kessel rd. 100 mm. Aus unserer Kurventafel würden sich für diese Verhältnisse ergeben $55 \cdot 0,76 = 42$ Cal/m²st . Die Übereinstimmung ist also in diesem Falle recht befriedigend, die zweifellos vorhandenen Meßfehler könnten sogar viel größere Abweichungen rechtfertigen.

---

[1] Zeitschr. d. Ver. dtsch. Ing. 1909, S. 262, Versuch 5.

Eine Schwierigkeit in der Anwendung der Kurventafel ergibt sich aus dem großen Temperaturunterschied zwischen Heizgasen und Heizflächen. Es ist nicht ohne weiteres einzusehen, ob man den Wert des Berichtigungsfaktors aus der Kurve Fig. 24 mit Hilfe der Temperatur der Heizgase oder der niedrigeren Temperatur der Heizflächen ermitteln soll. Innerhalb der Grenzschicht ändern sich sowohl Zähigkeit, als auch Wärmeleitung, welche beide infolge des innigen Zusammenhanges von Wärmeströmung und mechanischer Strömung für den Wärmeübergang maßgebend sind. Es ist nun weder der Wert dieser Größen dicht an den Heizflächen maßgebend, noch ihr Wert an dem äußeren Rand der Grenzschicht. Vielmehr muß irgendein Mittelwert bestimmend sein, und da der Betrag der Berichtigung ohnehin nicht erheblich zu sein pflegt, kann man einfach mit dem arithmetischen Mittelwert der Temperaturen von Heizfläche und Heizgas rechnen. Hätte diese Sache eine größere technische Bedeutung, so könnte man freilich auch daran denken, sie durch besondere Diffusionsversuche zu erforschen, bei welchen man etwa die Abhängigkeit des Diffusionskoeffizienten vom Partialdruck, wie er bei größerer Konzentration bemerkbar wird, ausnutzen könnte.

Die geschilderten Versuche mit Heizkörpermodellen gestatten es ferner, mit verhältnismäßig einfachen Hilfsmitteln den Anteil einzelner Rohrreihen oder sogar einzelner Teile der Oberfläche eines einzigen Rohres am gesamten Wärmeübergang zu bestimmen. Man braucht zu diesem Zwecke nur die Säuremengen, mit welchen man die einzelnen Rohrreihen oder die einzelnen Oberflächenteile eines zu diesem Zwecke durch geeignete, nicht poröse Zwischenlage getrennten Rohrmodells tränkt, für sich zu bestimmen. Aus diesen Versuchen ergeben sich sehr interessante Aufschlüsse über den Wert und Unwert von verschiedenen Rohranordnungen. Diese Untersuchungen hier alle im einzelnen zu bringen, würde zu weit führen, zumal da zur Erforschung des gesamten Fragengebietes auch mit den neu angegebenen Hilfsmitteln ein längeres Studium gehört. Ich möchte nur darauf hinweisen, daß sich aus solchen Messungen ergeben hat, daß bei einem Rohrbündel ähnlich Fig. 19 die erste Rohrreihe sehr wenig Wärme aufnimmt, die zweite am meisten, die dritte erheblich weniger als die zweite, ebenso die vierte weniger als die dritte. Die Tatsache, daß die erste Rohrreihe so wenig Wärme aufnimmt, steht im Widerspruch mit älteren Annahmen, wonach gerade die ersten Stücke einer Heizfläche am meisten Wärme aufnehmen sollten, während bei den nachfolgenden die Wärmeaufnahme nach einer logarithmischen Funktion abnehmen sollte. Der Versuch zeigt, daß die erste Rohrreihe tatsächlich — je nach der Rohranordnung verschieden — vielleicht nur etwa die Hälfte von der zweiten Rohrreihe aufnimmt, daß dagegen bei den folgenden Rohrreihen die

Wärmeaufnahme wieder stärker sinkt, als nach der oben erwähnten, früher als gültig erachteten Gesetzmäßigkeit zu erwarten wäre.

Mit Hilfe der gebrachten Strömungsbilder sind solche Meßresultate eigentlich ohne weiteres vorauszusehen: Daß die erste Rohrreihe so wenig Wärme aufnimmt, liegt daran, daß bei ihr die Heizgasgeschwindigkeiten an der Vorderseite sehr klein sind und nur in der Nähe des Rohrspaltes groß werden, während bei der zweiten Rohrreihe der aufprallende Strahl des Heizgases fast die ganze Rohrvorderfläche mit voller Geschwindigkeit bespült. Daß bei der zweiten und den folgenden Rohrreihen die Wärmeaufnahme wieder so viel schlechter wird, dürfte daher rühren, daß die von den vorhergehenden Rohrreihen abgelöste Grenzschicht die folgenden Rohrreihen zunächst umhüllt, und da sie schon vorher im Wärmeaustausch mit den vorangehenden Heizflächen gestanden hat, nur noch geringe Wärmemengen abzugeben vermag.

Die Untersuchung der Wirksamkeit der einzelnen Anteile der Rohroberflächen zeigt, daß am meisten Wärme an der Stirnseite der zweiten Rohrreihe aufgenommen wird und daß überhaupt die Wärmeaufnahme an den Stirnflächen der Rohre am größten ist. Vom Standpunkte der früher entwickelten Vorstellungen über die Grenzschicht ist solches ohne weiteres erklärlich. An der Stirnfläche der Rohre wird die Grenzschicht aus dem frisch ankommenden Heizgasstrom neu gebildet und dort muß daher der Wärmeaustausch innerhalb der noch nicht abgekühlten Grenzschicht am stärksten sein.

Diese. Anschauungen von Wärmeströmung und mechanischen Strömungen zeigen, daß je nach der Rohranordnung die Wärmeaufnahme sehr verschieden sein kann, und die gebrachten Wärmeübergangszahlen gelten daher streng nur für die untersuchte Rohranordnung. Immerhin dürften die Abweichungen bei Vermehrung der Rohrreihenzahl auf 10 bis 12, wie sie in der Technik üblich sind, keine allzu großen Veränderungen der berechneten Wärmeübergangszahlen bedingen.

Unsere Bilder und Modellversuche sollten uns eine Vorstellung von dem verwickelten Mechanismus des Wärmeüberganges an Heizflächen vermitteln und uns einer anschaulichen Beurteilung der für den Wärmeübergang maßgebenden vielfachen Einflüsse wie Heizgasgeschwindigkeiten und Temperaturen, Gaszähigkeit und Gasreibung, ferner Größe und Anordnung der Rohrreihen, Teilung, Zahl, Abstand derselben näherführen. Daß hiermit bereits alles, was bei praktischen Dampfkesselversuchen an oft widerspruchsvollen Messungen vorliegt, schon erklärt wird, wird man nicht erwarten, zumal da namentlich bei niederer Heizgasgeschwindigkeit der Einfluß der Wärmestrahlung benachbarter, anders temperierter Oberflächen, die Angaben der Temperaturmeßgeräte oft sehr erheblich fälscht. Dennoch ist zu hoffen, daß die angegebenen Modellversuche und Strömungsbilder sich auf dem Gebiete der Wärmetechnik einführen, ebenso wie ja Modellversuche in anderen Zweigen der Technik wie z. B. im Wasserturbinenbau und im Fluß- und Wasserbau längst ein für den ausführenden Ingenieur unentbehrliches Rüstzeug geworden sind. Modellversuche zur wissenschaftlichen Erforschung der Wärmeströmung dürften im übrigen auch darum besonders vorteilhaft sein, weil sie sich viel leichter als wirkliche Wärmemessungen von zufälligen Fehlern freihalten lassen. Fürs erste haben uns die hier wiedergegebenen Versuche gezeigt, daß die Wärmeübergangszahlen sehr stark mit der Heizgasgeschwindigkeit anwachsen, überdies haben sie uns einen allgemeinen Einblick in Wärmeübergangsvorgänge verschafft. Wir werden nun diese allgemeinen Anschauungen sowohl als auch die zahlenmäßigen Ergebnisse der angestellten Versuche in den folgenden Abschnitten zur Beurteilung von Dampfkesselkonstruktionen überhaupt und zur Ermittelung der wirtschaftlich und betriebstechnisch möglichen Grenzen der Leistungssteigerung von Großdampfkesseln heranziehen.

Zweiter Abschnitt.

Die Wirtschaftlichkeit der Leistungssteigerung bei neuzeitlichen Großdampfkesseln.

I. Ventilatorkonstruktionen für künstliche Zugerzeugung.

1. Bauarten des künstlichen Zuges. Im vorhergehenden Abschnitt haben wir gesehen, daß mit Erhöhung der Heizgasgeschwindigkeiten eine weitgehende und — soweit nicht noch die später zu behandelnden praktischen Betriebsrücksichten sie einschränken — sogar fast unbegrenzte Steigerung der Wärmeaufnahme der Heizflächen erzielt werden kann. Die technisch gebräuchliche Wärmeübergangsziffer hatten wir ja als proportional der 0,6ten Potenz der Heizgasgeschwindigkeit ermittelt.

Für gut ausgenutzte Kesselanlagen hat sich nun heute schon allgemein künstlicher Zug eingebürgert, namentlich weil selbst mit außerordentlich hohen gemauerten Schornsteinen kaum ein genügender Zug erzielt werden kann, wenn die Rauchgase durch Speisewasservorwärmer auf die übliche Temperatur von etwa 150 bis 180° abgekühlt werden. Da nun ohnehin künstliche Zugerzeugung gebräuchlich ist, liegt es sehr nahe, durch entsprechende Erhöhung der Leistung der Ventilationsmaschinen die Heizgasgeschwindigkeiten zu steigern und damit die Leistung des Kessels zu vergrößern. Nun ist aber leicht einzusehen, daß bei Steigerung der Heizgasgeschwindigkeiten auch ein rasches Anwachsen der Arbeit eintritt, welche man dauernd für den Betrieb des

Ventilators aufwenden muß, der zum Hindurchsaugen oder -drücken der Heizgase durch den Kessel dient. Will man auf diesem Wege, nämlich durch Erhöhung der Heizgasgeschwindigkeiten die Wärmeaufnahme der Heizflächen steigern, so ist es von Bedeutung, möglichst wirtschaftlich arbeitende Ventilationsanlagen für die Förderung der Heizgase durch den Kessel zu haben.

Man verwendet heute im allgemeinen drei verschiedene Arten des künstlichen Zuges. Bei Schiffsanlagen ist es allgemein üblich, die Heizräume luftdicht abzuschotten und unter Luftüberdruck zu setzen mit Hilfe einer Ventilatormaschine, welche Frischluft von Deck ansaugt und in den Heizraum drückt. Die Zugänge zu den Heizräumen werden dabei zur Vermeidung von Luftverlusten als Luftschleusen ausgebildet.

Bei Landanlagen wäre ein luftdichter Abschluß der Kesselhäuser zu umständlich und zu störend für deren Lüftung. Daher benutzt man hier fast überall künstliche Zugerzeugungsanlagen, bei welchen ein Gebläse, zwischen Kessel und Schornstein eingeschaltet, die Abgase aus dem Kessel absaugt und in den Schornstein hineindrückt[1]). Bei dem sog. indirekten Saugzug dient als Gebläse ein Strahlgebläse, dessen Betriebsluft von einem gesondert aufgestellten Frischluftventilator geliefert wird.

Die Fig. 25 zeigt einen Saugzugschlot im Schnitt. Durch die Rohrleitung bei a wird die von einem meist elektrisch angetriebenen Frischluftventilator, vergl. Fig. 26 und 27, erzeugte Gebläseluft zugeführt, bei b treten die Rauchgase in den Schlot ein. In der Regel ist, wie auch hier zur Darstellung gebracht, in dem Saugzugschlot noch ein Hilfsdampfstrahlgebläse eingebaut (a'), welches den Zweck hat, bei Versagen des Frischluftventilators den Kessel mit dem Dampfstrahlgebläse in Betrieb zu halten. Der aus der Frischluftdüse austretende ringförmige Luftstrahl vermischt sich in dem senkrecht stehenden, als Diffusor ausgebildeten Blechschornstein mit den Rauchgasen, welche

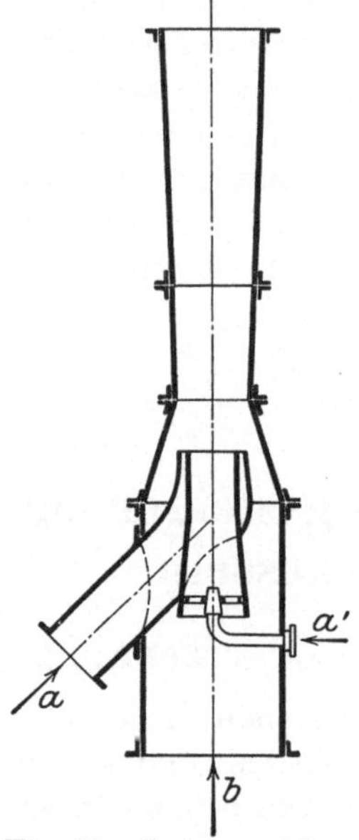

Fig. 25. Saugzugschlot.

---

[1]) Die neuerdings seltener angewandten sog. Unterwindgebläse, bei welchen die Verbrennungsluft unter Überdruck der luftdicht abgeschlossenen Feuerung zugeführt wird, haben den Nachteil, daß sie die Bedienung der Feuer erschweren und die bei hochbeanspruchten Feuerungen unentbehrliche Beobachtung des Rostes unmöglich machen. Auch auf Schiffen wird der Unterwind (induced draught) neuerdings seltener verwendet.

hierdurch auf eine Geschwindigkeit von etwa 20 m/sec[1]) beschleunigt werden. In dem allmählich erweiterten Diffusor wird das raschströmende Luftgemisch unter entsprechendem Druckgewinn verzögert.

Als Vorteil dieses indirekten Zuges muß der Umstand gelten, daß das Strahlgebläse keine bewegten Teile enthält und als solches weniger empfindlich gegen heiße Feuergase ist. Wenn, wie heute allgemein üblich, die Abgase in Speisewasservorwärmern bis auf etwa 200° und weniger abgekühlt werden, ist dieser Vorteil aber weniger bedeutend. Der Nachteil dieser Anordnung ist dagegen der verhältnismäßig große Kraftbedarf. Obwohl nämlich der zum indirekten Saugzug gehörige Frischluftventilator keineswegs größere Frischluftmengen zu fördern braucht als die abzusaugende Abgasmenge, so muß er sie dennoch unter erheblich größerem, etwa dem dreifachen Druck anliefern, als der zu erzeugenden Zugstärke entspricht. Selbst bei möglichst günstig gewählten Verhältnissen kommt man daher zu keinem höheren Wirkungsgrad der Gebläseanlage — einschließlich der Verluste im Frischluftventilator — als etwa 25 v. H., während bei direkten Saugzuganlagen 60 v. H. und mehr erreicht werden können. Da für hochbeanspruchte Kessel die Ventilatorarbeit immer mehr in den Vordergrund tritt, verwendet man neuerdings immer häufiger direkte Saugzuganlagen. Mit den Eigenheiten dieses für Hochleistungskessel besonders wichtigen Systems wollen wir uns daher im folgenden Absatz eingehend befassen.

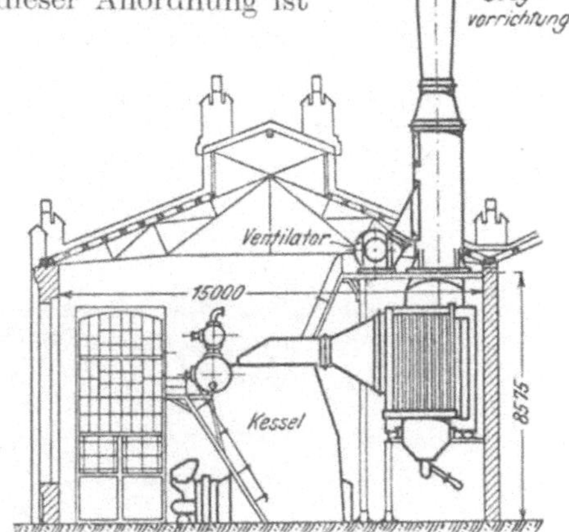

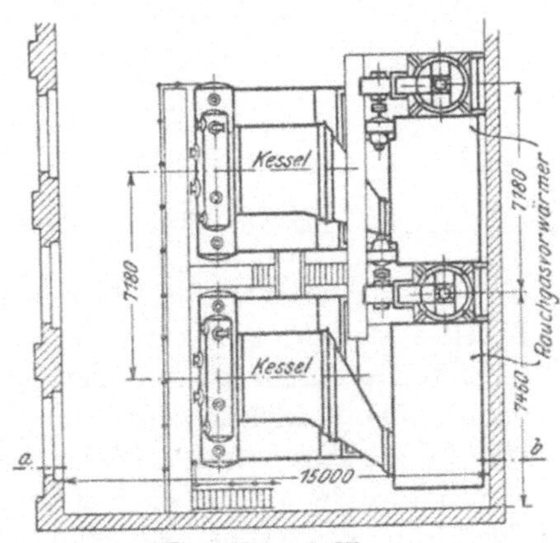

Fig. 26 und 27.
Indirekte Saugzuganlage.

2. Betriebsschwierigkeiten bei direkten Saugzugventilatoren und ihre Beseitigung. Der direkte Saugzug, bei welchem ein unmittelbar in den Abgasstrom eingeschalteter rotierender Ventilator die Förderung über-

---

[1]) Bei Saugzuganlagen für eine Zugstärke von etwa 25 mm WS.

nimmt, hat, wie schon obenerwähnt, einen erheblich geringeren Kraftbedarf, weil mechanische Ventilatoren sich leicht mit 60 v. H. und
mehr an Wirkungsgrad bauen lassen. Als Nachteil des direkten Saug-
zuges gelten die Betriebsstörungen, denen die unmittelbar in den warmen
Abgasen arbeitenden Ventilatoren unterworfen sind. Auch der Ver-
fasser hat bei dem Betrieb einer größeren, mit direkten Saugzugventilatoren ausgerüsteten Kesselanlage anfänglich häufig Störungen mit diesen

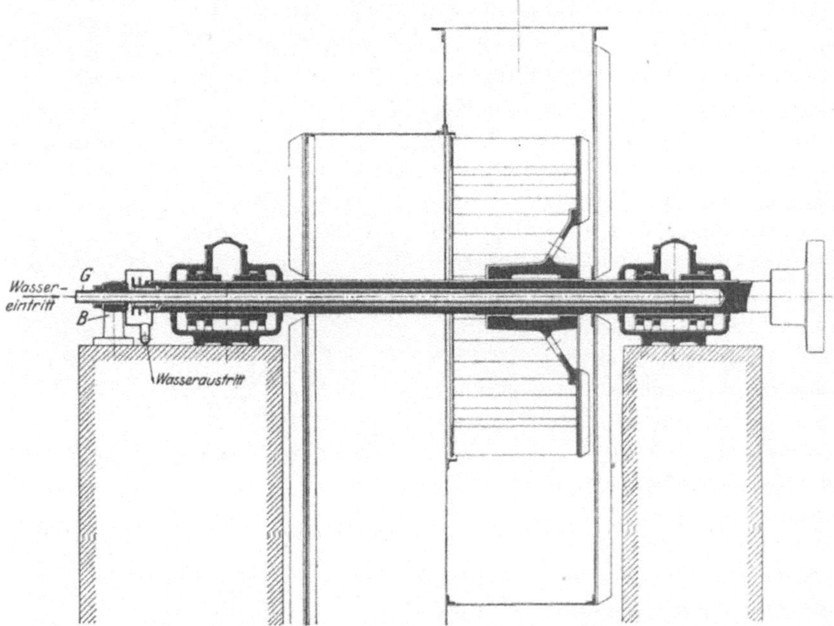

Fig. 28. Wellenkühlung für Rauchgasventilatoren.

Ventilatoren erlebt. Bei näherer Untersuchung zeigte sich, daß diese
Defekte ausnahmslos auf das unter dem Einfluß der heißen Abgase
auftretende Krummziehen der Ventilatorwellen zurückzuführen war.
Schlagende Ventilatorwellen zerstören nicht nur die Wellenlager und
ihre Fundamentierung, sondern sie führen auch oft zum Anstreifen des
Ventilatorrades an die Gehäusewandung mit nachfolgender vollständiger
Zerstörung des Rades. Es gelang aber in der Folge mit Hilfe einer sehr
einfachen Wellenkühlung, welche auch die vorher vorgesehene Lager-
kühlung entbehrlich machte, diese Schwierigkeit völlig zu beheben.

Die Fig. 28 zeigt die konstruktive Ausführung dieser Wellenkühlung
für einen direkten Saugzugventilator. Das Kühlwasser wird durch ein
Gasrohr G, welches in einem gußeisernen Bock B befestigt ist, in das
Innere der rotierenden Welle hineingeführt und durchströmt deren

Bohrung von ihrem innersten Ende an bis zu dem mit Spritzringen und Fangvorrichtung ausgestatteten Auslauf.

Mit dieser Wellenkühlung ausgerüstete direkt arbeitende Saugzug-ventilatoren er-weisen sich als durchaus ein-wandfreie und si-cher arbeitende Maschinen; |auch eine Verschmut zung der Schau-feln tritt nicht in irgendwie stö-render Weise auf. Dagegen machen die meist zum Antrieb dienen-den Elektromo-toren gelegent-lich Schwierig keiten, weil die Nähe der wär-

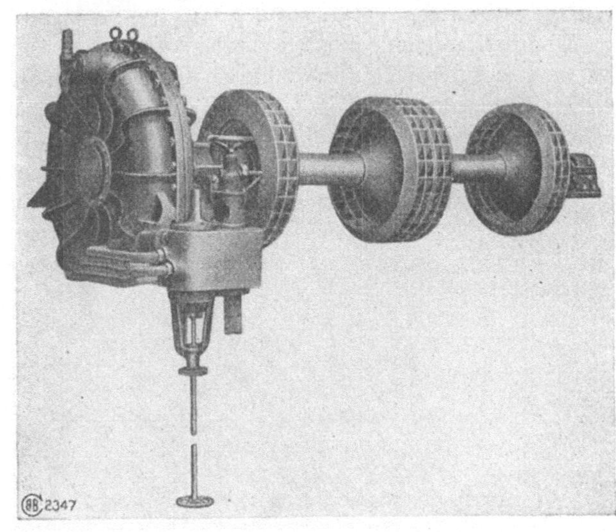

Fig. 29. Turbogebläse für Schiffskesselanlagen.

meausstrahlenden und unvermeidlicherweise oft staubaushauchenden Kesselanlagen kein guter Platz für elektrische Maschinen ist. Darum ist es am zweckmäßigsten, in erster Linie einen Ventilator mit un-mittelbarem Antrieb durch eine Kleindampfturbine zu wählen.

3. Ventilatoren für unmittelbaren Dampf-turbinenantrieb. Es sind bereits häufig Turbo-ventilatoren für die Zwecke der künstlichen Zugerzeugung unter Ver-wendung von Ventila-torrädern mit axial ge-richteten Schaufeln, ähn-lich dem .in Fig. 29 dargestellten Rade, aus-

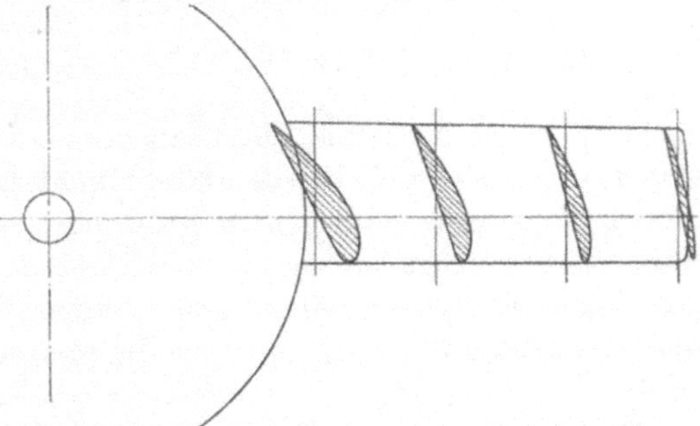

Fig. 30. Schaufelplan eines Betzgebläses.

geführt worden. In der Regel setzt man bei diesen Konstruktionen zur Erzielung hinreichend hoher Drehzahlen 4 Räder dieser Art auf eine Welle und treibt sie mit einer einfachen Curtis-Turbine an, vergl. Fig. 29. Abgesehen von dem bei militärischer Verwendung störenden, bei Land-anlagen weniger schlimmen singenden Geräusche haben diese Ventilatoren den Nachteil, daß die axial gerichteten Schaufeln durch die bei Turbogebläsen sehr großen Fliehkräfte auf Biegung beansprucht werden, wodurch sie leicht Verbiegungen erleiden und Schlagen der Wellen und sonstige Störungen veranlassen.

Eine befriedigende Lösung dieser Aufgabe ist aber möglich mit Hilfe des in der Kriegszeit ausgebildeten Göttinger Schraubengebläses nach Betz. Wie aus Fig. 30 ersichtlich, enthält dieses Gebläse nur wenige, etwa 4 radial stehende Schaufeln, welche leicht als starre Körper aus Stahlguß oder etwa 5 mm starkem Stahlblech hergestellt werden können und im übrigen in günstigster Weise durch die Fliehkräfte nicht auf

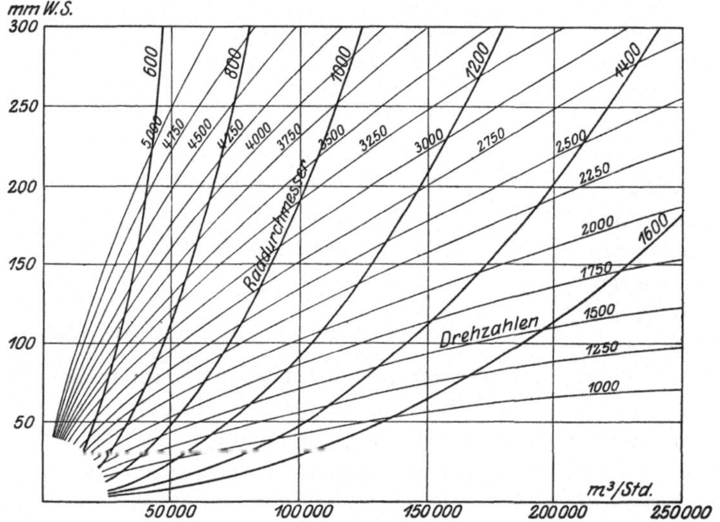

Fig. 31. Leistungskurven eines Betzgebläses für Luft von 0° C.

Biegung, sondern nur auf Zug beansprucht werden. Ferner ergibt dieses Gebläse, wie aus der Kurventafel Fig. 31 zu entnehmen ist, schon in der einfachsten einrädrigen Ausführung sehr hohe Drehzahlen, so daß man nicht genötigt ist, zu der verwickelten Anordnung mehrerer Räder auf einer Welle zu greifen. Im übrigen ist auch der Wirkungsgrad dieses Gebläses ein sehr guter; er beträgt im ganzen dargestellten Bereich etwa 75 v. H.

Die Fig. 32 zeigt die konstruktive Ausführung eines derartigen Gebläses für Abgasventilation. Zum Antrieb des fliegenden Ventilatorrades V mit seinen 4 Schaufeln S dient eine unmittelbar gekuppelte Melms & Pfenniger-Kleinturbine. Die Zuführung der zu fördernden Abgase geschieht durch ein ringförmiges Blechgehäuse G, welches mit einem gußeisernen Leitradring L verschraubt ist. Der Leitradring L enthält eingegossene Stahlblechleitschaufeln s, mit deren Hilfe der

innere Leitradring L' unverrückbar fest und zentrisch zu dem Ventilator-
rad V gehalten wird. Das Einlaufgehäuse ermöglicht leichte Zugänglich-
keit aller Lager der Welle, die im übrigen innerlich ähnlich der Welle
in Fig. 28 mit Wasser gekühlt wird. Die Konstruktion ist ferner so

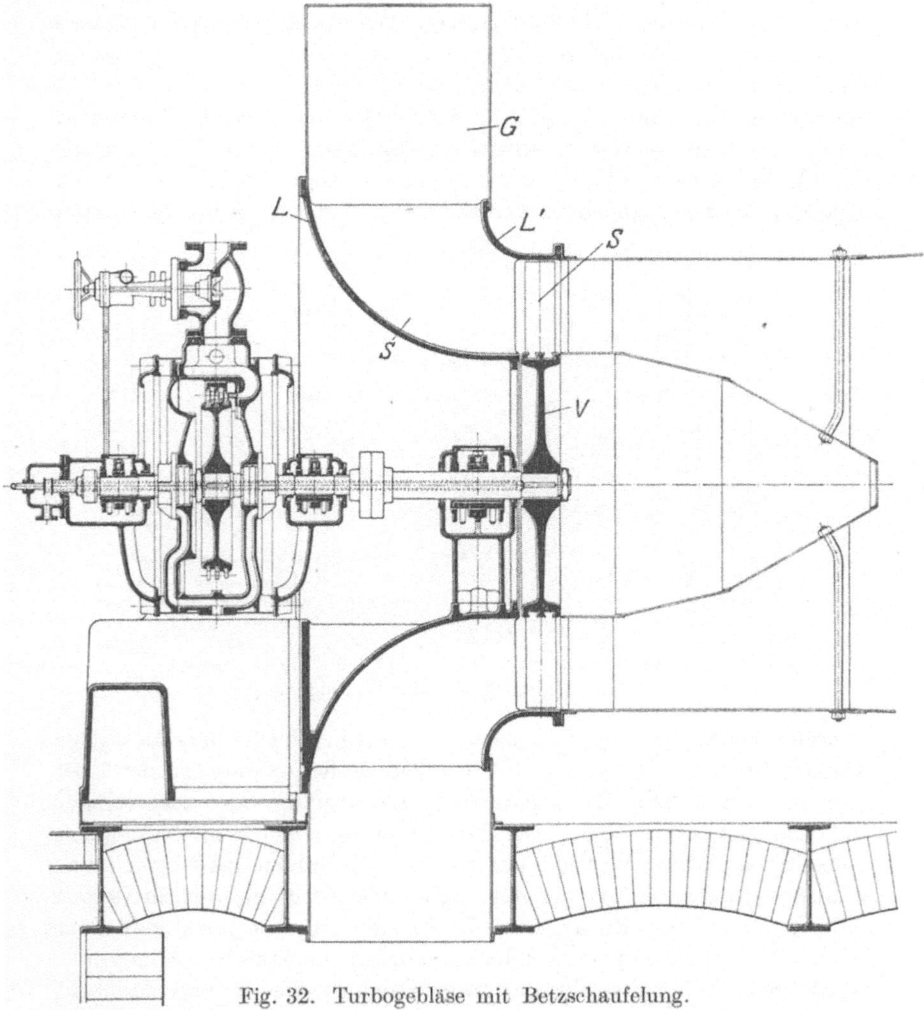

Fig. 32. Turbogebläse mit Betzschaufelung.

getroffen, daß nach dem Lösen einiger Schrauben das Ventilatorleitrad
zusammen mit dem fest daran verschraubten Dampfturbinenrahmen
und dem vollständigen Ventilator von den blechernen Zu- und Abgas-
leitungen getrennt und nach links herausgezogen werden kann. Auf
diese Weise läßt sich die gesamte Maschine in einfachster Weise in un-

zerlegtem Zustande zu Revisionsarbeiten in die Werkstatt befördern, ein Grundsatz, der leider noch nicht bei allen Turbohilfsmaschinen genügende Beachtung gefunden hat. Die Abfuhr der vom Ventilator geförderten Heizgase geschieht in einem kurzen, horizontal liegenden und mäßig erweiterten Rohr, welches im Innern einen kegelförmigen, an blechernen Stützschaufeln und einigen Ankern aufgehängten Einsatzkörper enthält. In diesem horizontalen Rohrschuß wird auch zweckmäßig ein Übergang vom runden in den rechteckigen Querschnitt vorgenommen. Die Umlenkung in den senkrechten Blechschornstein geschieht in einem mit Umlenkschaufeln ausgerüsteten Winkelstück (vergl. Fig. 33). Es hat sich gezeigt, daß bei geeigneter Anordnung dieser Umlenkschaufeln trotz der scharfwinkligen Ausbildung der Krümmer nur geringe

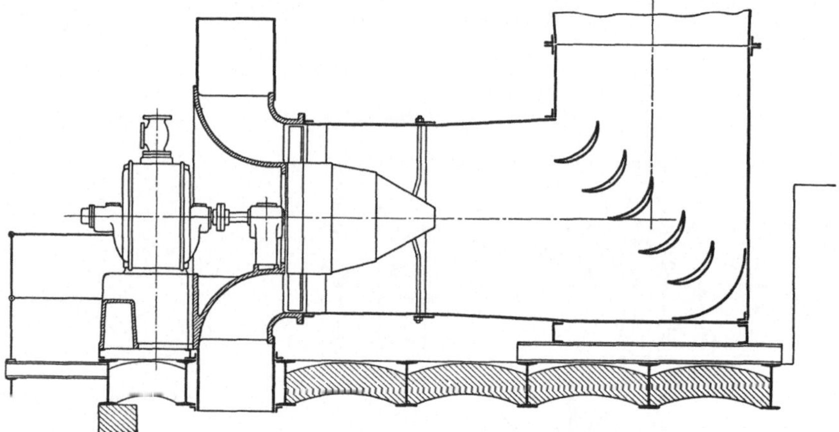

Fig. 33. Einbauskizze zum Turbogebläse.

Energieverluste bei der Umlenkung auftreten[1]). Oberhalb des Kniestückes wird unter weiterer mäßiger Querschnittserweiterung der Übergang in einen kurzen Blechschornstein mit rundem oder rechteckigem Querschnitt bewerkstelligt. Der Schornstein hat hier keinerlei nennenswerte dynamische Wirkung auf die zu fördernden Rauchgase mehr auszuüben, daher braucht er nur soweit über Dach geführt zu werden, als dies äußerliche Rücksichten bedingen, z. B. die architektonische Wirkung bei den hier verwendbaren kurzen, gemauerten Schloten.

Mit der Einführung des Dampfturbinenantriebes für die Rauchgasventilatoren wird neben der erhöhten Betriebssicherheit gegenüber den

---

[1]) Nach mündlicher Mitteilung von Prandtl betragen die Verluste bei der Umlenkung durch zweckmäßig gestaltete und in richtiger Weise mit übertriebenen Ein- und Austrittwinkeln ausgerüstete Umlenkschaufeln 15 v. H. der Geschwindigkeitshöhe, wie sie am Ort der Umlenkung herrscht, so daß nach der Umlenkung noch rund 85 v. H. der vor der Umlenkung vorhandenen Geschwindigkeitsenergie im Luft- oder Gasstrahl vorhanden sind.

häufigen Störungen ausgesetzten elektrischen Anlagen der Vorteil einer wirtschaftlichen Drehzahlreglung gewonnen. Die Drehzahl- und damit die Zugstärkenreglung geschieht in einfachster Weise durch Drosseln des Frischdampfes oder — in weiteren Grenzen — durch Zu- und Abschalten der Frischdampfdüsen an der Dampfturbine.

Derartige Gebläse haben selbst bei den größten in Betracht kommenden Leistungen noch erträgliche Abmessungen, wovon man sich mit Hilfe der Kurventafel Fig. 31 überzeugen kann. Beispielsweise hat das in Fig. 32 dargestellte Gebläse einen Raddurchmesser von 1500 mm und weist bei einer Drehzahl der Dampfturbine von $n = 900$ und einer Nutzleistung derselben von 10 PS eine stündliche Leistung von 100 000 cbm Rauchgasen bei 20 mm WS als Gegendruck auf. Diese Rauchgasmenge entspricht etwa einem Doppelkessel von 1000 m² und einer stündlichen Verdampfung von etwa 30 kg/m² Heizfläche. Wollte man die Leistung dieses Kessels bei ungeändertem Wirkungsgrad verdoppeln, so müßte die doppelte Rauchgasmenge gefördert werden, und zwar, wie wir noch sehen werden, gegen einen Gegendruck von 160 mm WS. Hierfür wäre im wesentlichen das gleiche Gebläse verwendbar; dabei beträgt die Drehzahl der Dampfturbine 2700 Umläufe pro Minute und ihre Nutzleistung 150 PS.

Ventilatoren solcher und ähnlicher Bauart werden zweifellos für die zur Erzielung erheblicher Leistungssteigerung notwendigen großen Zugstärken geeignet sein. Freilich bedingt die Leistungssteigerung eine ganz erhebliche Steigerung der als Verlust zu buchenden Ventilatorleistung. Daher muß klargestellt werden, wieweit eine Leistungssteigerung wirtschaftlich ist.

II. Die wirtschaftliche Grenze der Leistungssteigerung.

1. Steigerung der Wärmeaufnahme durch Erhöhung der Heizgasgeschwindigkeiten. Die Untersuchung des Wärmeüberganges an Wasserrohrbündeln, wie sie im ersten Abschnitt durchgeführt ist, hat zu dem Ergebnis geführt, daß durch genügende Steigerung der Heizgasgeschwindigkeiten eine weitgehende Erhöhung der Wärmeübergangsziffern, d. h. der auf die Einheit der Heizfläche bei 1° Temperaturdifferenz zwischen Heizgas und Kesselinhalt übergehenden Wärmemenge sich erzielen läßt. Es hat sich gezeigt, daß die Wärmeübergangsziffer etwa der 0,6 ten Potenz der Heizgasgeschwindigkeit proportional ist. Will man daher die Leistung eines Kessels steigern, so braucht man nur die sekundlich aus der Feuerung ausströmende Heizgasmenge und demnach die Heizgasgeschwindigkeit in den Rohrbündeln zu erhöhen. Dabei ist freilich Folgendes wohl zu beachten. Erhöht man beispielsweise die in der Zeiteinheit verarbeitete Menge und die Geschwindigkeit der Heizgase — deren Eintrittstemperatur übrigens unverändert bleiben soll — beispielsweise auf das Doppelte, so steigt zwar die Wärmeaufnahme, wenn man von den ersten, durch direkte Strahlung beheizten Rohrflächen absieht, auf das $2^{0,6} = 1,52$fache. Aber es durchströmt nun auch die doppelte Heizgasmenge den Kessel, so daß die anteiligen Abwärmeverluste steigen werden. Sollen diese auf den gleichen Wert zurückgeführt werden, wie bei dem halb so stark beanspruchten Kessel, so muß die Heizgasgeschwindigkeit noch weiter erhöht werden, ohne aber dabei die in der Zeiteinheit durch den Kessel hindurchgesaugte Heizgasmenge zu vergrößern. Das kommt darauf hinaus, daß man bei unveränderter Größe und Zahl der Wasserrohre diese einander näher rückt oder in irgendeiner Weise bei gleicher Heizfläche den freien Durchgangsquerschnitt für sämtliche Rohrspalten verkleinert. Man könnte daher auch anstatt der Änderung der Rohrteilung die Zahl der in der Normalebene zur Strömungsrichtung nebeneinanderliegenden Rohre vermindern und dafür die Zahl der hintereinanderliegenden Rohre vermehren, d. h. also bei der Anordnung der üblichen Schrägrohrkessel den Kessel schmäler und höher bauen. Bei der beispielsweise ins Auge gefaßten Verdoppelung der Heizgasmengen müßte demnach eine weitere Erhöhung der Gasgeschwindigkeiten durch Verschmälerung des Kessels auf das $2^{\left(\frac{0,4}{0,6}\right)} = 1,59$fache vorgenommen werden, wenn anders die anteiligen Abgasverluste nicht steigen sollen. Die Geschwindigkeit der Heizgase muß daher bei Verdoppelung der Kesselleistung auf das $2 \cdot 2^{\left(\frac{0,4}{0,6}\right)} = 2^{1,66}$fache steigen, oder allgemein, bei n-facher Leistungssteigerung und gleichbleibenden Abgasverlusten muß die Geschwindigkeit auf das $n^{1,66}$fache erhöht werden.

Wichtig ist es nun, zu wissen, wie sich der Zugbedarf des Kessels steigert. Auf S. 34 wurde auseinandergesetzt, daß der Druckhöhenverlust innerhalb des Kessels sich aus zwei Anteilen zusammensetzt. Der erste rührt von der für den Wärmeübergang nützlichen Oberflächenreibung der Heizgase an den Rohrwandungen her und muß entsprechend den früheren Überlegungen, wenn der Wärmeübergangskoeffizient der 0,6ten Potenz der Geschwindigkeit proportional ist, selbst der 1,6ten Potenz derselben proportioniert sein. Der zweite Verlustanteil, welcher von der Strahlablösung beim Austritt aus den Rohrspalten und beim Eintritt in Umlenkstellen herrührt, ist der 2. Potenz der Geschwindigkeit proportioniert. Weil bei den üblichen Kesseln beide Anteile ungefähr gleichgroß sind, kann man in Übereinstimmung mit bekannten Versuchsergebnissen[1]) den gesamten Druckhöhenverlust der 1,8ten Potenz

---

[1]) Vgl. Mitteilungen der Prüfungsanstalt für Heizungs- und Lüftungseinrichtung Heft 3. München 1910.

der Geschwindigkeit proportional setzen. Bei der oben erwähnten Erhöhung der Geschwindigkeiten auf das $n^{1,66}$fache wird daher der Druckhöhenverlust steigen auf das $(n^{1,66})^{1,8} = n^3$fache steigen. Unter n war dabei die Leistungssteigerung des Kessels bei übrigens unverändertem Wirkungsgrade verstanden.

2. Die wirtschaftliche Grenze der Leistungssteigerung. Mit Hilfe der oben abgeleiteten Beziehung läßt sich ohne weiteres die wirtschaftliche Grenze der Leistungssteigerung ermitteln.

Als heute für Wasserrohrlandkessel normale Leistung darf man etwa 30 kg auf den Quadratmeter Heizfläche stündlich verdampftes Wasser annehmen. Als Anlagekosten (auf der Friedensbasis) können etwa 260 M./m² Heizfläche gelten. Bei einem Kapitaldienst von 7 v. H. erhält man danach bei einer Benutzungsdauer des Kessels mit Vollast von 5000 Stunden jährlich für jedes erzeugte Kilogramm Dampf als Kapitaldienst einen Kostenbetrag von 1,2 Hundertstel Pfennig. Bei Steigerung oder Verminderung der Kesselleitung ändert sich dieser Betrag umgekehrt proportional der Leistung. So entsteht die Kurve 1 in Fig. 34, welche den auf 1 kg Dampf entfallenden Betrag von Anlagekapitalzinsen darstellt, abhängig von der Kesselleistung in kg/m²st.

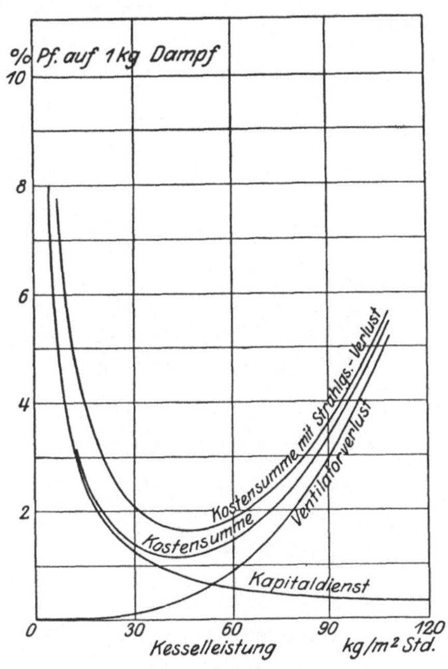

Fig. 34. Dampfkesselkosten bei 5000 Stdn. Benützungsdauer.

Als Zugstärke benötigt ein Wasserrohrkessel der heute gebräuchlichen Bauart — wobei auf wirtschaftliche Zugausnutzung im Sinne der Bemerkungen auf S. 34 noch kein Wert gelegt wurde — etwa 15 mm WS, wenn er die oben als normal angenommene Leistung von 30 kg/m²/st hergeben soll. Um die übliche Abgastemperatur von etwa 350 bis 400° bei einem Dampfdruck von 13 bis 15 kg/m² und Verbrennung guter Kohle zu erreichen, wäre als Mindestwert der für die Erzielung dieser Kesselleistung notwendigen Zugstärke nur etwa 7 mm WS anzusetzen. Bei Beachtung der hierfür maßgebenden Umstände wird es also mit der Zeit möglich sein, mit noch geringerer Zugstärke als den oben angenommenen 15 mm WS auszukommen, was für eine Steigerung der Leistung von Vorteil wäre.

Bei einem Zugbedarf von 15 mm WS und einem Wirkungsgrad des Ventilators von 70 v. H., den man nach den Ergebnissen des vorhergehenden Absatzes mit gutem Gewissen den Berechnungen zugrunde legen darf, bedingt die Ventilationsarbeit einen Aufschlag von 0,1 Hundertstel Pfennig für jedes erzeugte Kilogramm Dampf. Dabei ist als Selbstkostenpreis des in der Antriebsdampfturbine des Ventilators verbrauchten Dampfes 0,2 Pf. angenommen, und als Dampfverbrauch für diese selbst 10 kg/PS st, eine Ziffer, die wohl vertreten werden kann, wenn der Abdampf der Ventilationsmaschinen mit einigen Atmosphären einer großen Betriebsdampfturbine zur weiteren Ausnutzung zugeführt wird.

Durch Berücksichtigung der oben abgeleiteten Beziehung, daß der Ventilationsverlust der 3. Potenz der Kesselleistung proportional ist, entsteht die entsprechende Kurve 2 in Fig. 34. Durch Summierung der Kurven 1 und 2 ergibt sich die Summe der Kesselkosten nebst Kosten der Ventilatorverluste. Das Minimum der Kosten liegt nach dieser Kurve bei einer Leistung des Kessels von etwa 50 kg/m² st.

In dieser Kurve ist noch nicht berücksichtigt, daß außer dem Kapitaldienst noch ein anderer konstanter Verlust zu berücksichtigen ist, und zwar der Verlust durch Wärmestrahlung, welcher ziemlich unabhängig von der Kesselbeanspruchung sein dürfte. Wieviel hierfür anzusetzen ist, hängt von den näheren Umständen ab; wenn man nun dafür den vielfach angenommenen Wert von 3 v. H. der Normalleistung annimmt und einsetzt, entsteht die obere Summenkurve in Fig. 34. Sie führt dazu, eine noch weitergehende Steigerung der Kesselleistung für wirtschaftlich zu halten.

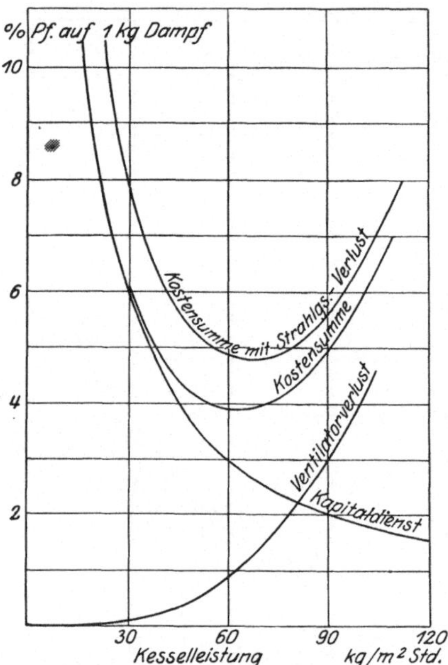

Fig. 35. Dampfkesselkosten bei 1000 Stdn. Benützungsdauer.

Sehr wesentlich für die Grenze der wirtschaftlichen Leistungssteigerung ist die Benutzungsdauer des Kessels mit Volleistung. Die bei den Kurven der Fig. 34 angenommene Benutzungsdauer von 5000 Stunden jährlich dürfte wohl nur ganz ausnahmsweise erreicht werden, zumal da jeder Kessel beträchtliche Betriebspausen für die äußere und innere Reinigung der Heizflächen und die Instandsetzungsarbeiten am Mauerwerk beansprucht.

Bei den meisten Kesselbetrieben ist aber die Benutzungsdauer des Kessels mit Volleistung bedeutend kleiner. Normale Dampfelektrizitätswerke kommen vielleicht auf 1000 Stunden jährlich. Für 1000stündige Benutzungsdauer, sonst aber unveränderte Grundlagen, ergeben sich die Kurven nach Fig. 35. Die wirtschaftliche Grenze der Leistungssteigerung liegt dann noch erheblich höher. Ganz allgemein liegt sie um so höher, je geringer die Benutzungsdauer und je geringer die Kohlenkosten und je höher die Anlagekosten der Kesselhäuser sind.

Von Wichtigkeit ist ferner die Frage, ob es wirtschaftlich ist, bei günstig gewählter, aber im übrigen unveränderlicher Kesselleistung die Abwärmeverluste eines Kessels zu verringern, indem man die Heizgasgeschwindigkeit erhöht. Der günstigste Betriebszustand wird jedenfalls dann erreicht, wenn der Dampfgewinn durch Verminderung der Abgasverluste gerade durch den Mehrverbrauch an Dampf durch die Ventilationsmaschine aufgewogen wird. Danach sind die Kurven Fig. 36 entstanden, und zwar gilt eine Kurve für die oben als normal erklärte Kesselleistung, die zweite für eine Leistungssteigerung auf das Doppelte[1]). Man sieht, daß es namentlich für die nach den vorhergehenden Erörterungen für den Dauerbetrieb vorteilhaftere geringere Leistungssteigerung zweckmäßig ist, auf eine Verringerung der Abwärmeverluste bedacht zu sein, was in einfachster Weise durch Erhöhung der Heizgasgeschwindigkeiten erreicht werden kann.

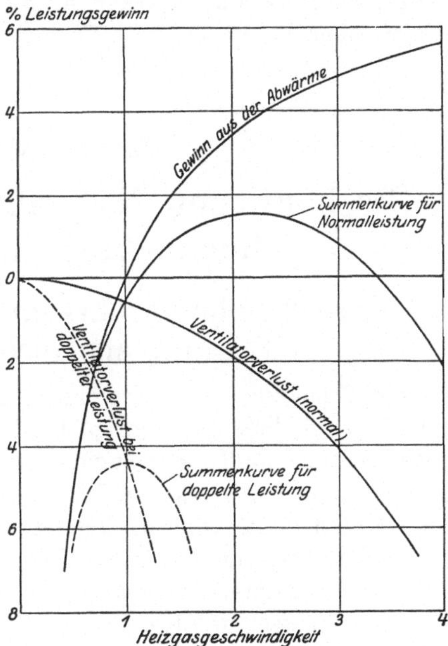

Fig. 36. Die Wirtschaftlichkeit höherer Abgasausbeute.

Die Wirtschaftlichkeit einer nicht unbeträchtlichen Leistungssteigerung schlechthin, die sich aus einer Erhöhung der auf der Heizflächen-

---

[1]) Angenommen ist, daß der Kessel einen noch ausnutzbaren Abwärmeverlust von 10 v. H. aufweist. Der Gewinn aus der Abwärme ist nach der bekannten Exponentialfunktion berechnet, welche auch beim Vorhandensein von Speisewasservorwärmern einen einigermaßen zutreffenden Überblick gestattet. Der Einwand, man könne einfach durch Vergrößerung der billigen Vorwärmerheizflächen dasselbe erreichen, ist nicht stichhaltig. Denn die Vorwärmer werden schon jetzt allgemein so reichlich bemessen, daß das Speisewasser nahe an seinen Siedepunkt erhitzt wird.

einheit stündlich verdampften Wassermenge und aus einer besseren Ausbeute der Abwärme zusammensetzt, dürfte damit erwiesen sein.

Hiermit ist jedoch die Frage, ob eine Steigerung der Nutzleistung möglich ist, noch keineswegs erschöpfend beantwortet. Es bleibt noch zu erörtern — und das ist gewiß keine unwichtige Frage —, welche Maßnahmen zu treffen sind, um der bei Kesseln mit noch höherer Leistungsfähigkeit verstärkt in Erscheinung tretenden Betriebsschwierigkeiten wie z. B. allzu starken Abbrandes des Mauerwerkes, unmäßiger Flugaschenablagerung usw. Herr zu werden.

Dritter Abschnitt.

Die baulichen Maßnahmen für den Betrieb hochbeanspruchter Kessel.

I. Heizrohr-, Flammrohr- und Wasserrohrkessel und ihre Eignung als Hochleistungskessel.

Zur Erzielung hoher Kesselleistungen eignen sich vor allem Wasserrohrkessel, welche ja auch in den letzten Jahren sowohl für Schiffs-, als auch für Landkesselanlagen allgemeinen Eingang gefunden haben. Es sind zwar Zylinderkessel der älteren Schiffskesselbauart mit Flammrohren und daran anschließender Feuerbuchse, in welche die rückkehrenden Heizrohre einmünden, bezüglich der verbrennungstechnischen Eigenschaften ihrer Feuerräume keineswegs schlechter als die üblichen Wasserrohrkessel, wenigstens soweit es sich um die Verfeuerung hochwertiger Kohlen handelt. Aber Zylinderkessel sind wie alle Lokomotiv- und Flammrohrkessel empfindlich gegen das oft notwendige schnelle Anheizen oder auch gegen örtliche Übererwärmung der Heizflächen, wie sie namentlich bei mangelhafter Reinigung der Heizfläche häufig auftritt. Der mechanische Aufbau dieser Kessel gleicht nämlich einem starren kastenförmigen Gebilde, dessen einzelne Teile durch Anker und Träger steif miteinander verbunden sind. Ungleichmäßige Wärmedehnungen führen hier erfahrungsgemäß zu Lockerung der Nietnähte oder zur Verbiegung und Überbeanspruchung der Feuerbuchswandungen. Bei den Wasserrohrkesseln bilden dagegen die einzelnen Teile, besonders wenn sie durch gekrümmte, verhältnismäßig dünne Wasserrohre miteinander verbunden sind, ein recht elastisches Ganze, so daß ein fast ungehindertes Arbeiten, d. h. eine zwanglose Ausdehnung und Wiederzusammenziehung unter dem Einfluß wechselnder Erwärmung erreicht wird. Ferner sind Flamm- und Heizrohre oder alle von innen beheizten Rohre, bei denen sich die Heizgase geradlinig zur Rohrachse bewegen müssen, weniger geeignet zur Erzielung hoher Dampfleistungen, weil, gleiche Heizgasgeschwindigkeiten und Rohrdurchmesser vorausgesetzt, die Wärmeübergangsziffern aus den auf S. 34 angeführten Gründen beträchtlich kleiner, nur etwa halb so groß, als bei Wasserrohrbündeln sind, welche man quer zur Strömung der Heizgase zu setzen pflegt, so daß die einzelnen Rohre immer wieder von frischen Heizgasmengen angeblasen werden. Es genügt daher, wenn wir uns ausschließlich mit den Wasserrohrkesseln befassen, weil sich deren Heizfläche aus den angegebenen Gründen in erster Linie für eine hohe Beanspruchung eignet.

Wasserrohrkessel erlauben ferner in zwangloser Weise den Einbau von Kettenrostfeuerungen, welche sich nicht nur selbsttätig beschicken, sondern auch selbsttätig entschlacken. Handbediente Roste kommen für Großkessel kaum in Frage. Denn für je 10 t stündlicher Dampferzeugung braucht man auch bei guten Kohlen zumindest einen Heizer für die Rostbedienung. Für einen Großkessel von 1000 m² Heizfläche müßte man also 3 bis 6 Leute für die Rostbedienung haben, ganz abgesehen von dem Umstand, daß Roste der erforderlichen Länge nur schwierig, etwa mit mehreren seitlichen Feuertüren von Hand zu bedienen wären. Andere mechanische Feuerungen wie z. B. die Wurffeuerung, bei welcher eine kleine mechanisch unter Federdruck vorwärtsschnellende Klappe jeweils ein kleines Häuflein davorliegender Kohlen über den Rost schleudert, ersparen dem Heizer nicht die bei großen Rosten besonders mühevolle und dabei auch betriebsstörende Arbeit des Abschlackens. Es ist daher nicht zu verwundern, daß im Landbetrieb, soweit es sich um die Verfeuerung hochwertiger Steinkohlen handelt, allgemein die Kettenrostfeuerung das Feld erobert hat. Man kann sogar vermuten, daß diese Feuerungsart sich mit der Zeit auch bei großen Schiffsanlagen mit Kohlenheizung einbürgern wird.

Für die Verbrennung minderwertiger Brennstoffe wie z. B. bayerischer oder mitteldeutscher Rohbraunkohlen haben sich andererseits Treppenroste bewährt. Auch diese Feuerungsart läßt sich leicht unter Wasserrohrkessel einbauen, während sie bei Flammrohr- oder Feuerbuchskesseln nur in besonderen Vorbauten untergebracht werden kann.

Aus den angegebenen Gründen sind Wasserrohrkessel heute wenigstens bei Landkesselanlagen allgemein in Verwendung, so daß wir uns auf die Behandlung dieser Kesselbauart beschränken können. Die Wasserrohrkessel lassen sich einteilen in Steil- und Schrägrohrkessel; sie sind in zahlreichen Bauarten bekannt, so daß man auf den ersten Blick keine einheitlichen Richtlinien für die Beurteilung ihrer wärmetechnischen Eigenschaften und ihrer Leistungsfähigkeit findet. Die im ersten Abschnitt gebrachten Untersuchungen über den Wärmeübergang könnten zwar schon als Wegweiser gelten, aber eine Entscheidung über die Grenzen der tatsächlich erreichbaren Leistungen kann nur an Hand von Betriebserfahrungen mit Sicherheit gefällt werden.

Bei Wasserrohrschiffskesseln mit Ölfeuerung ist es nun schon gelungen, mit verhältnismäßig einfachen, später näher zu erörternden Mitteln während 5 Stunden und mehr Dampfleistungen von 60 bis 80 kg/m² st bei Zugstärken von etwa 80 mm WS zu erreichen. Bei kohlenbefeuerten Kesseln gleicher Art sinkt aber schon nach 2 Stunden unvermeidlicherweise die Leistung auf einen Bruchteil der Höchstleistung, weil die Verschlackung und der Abbrand der handbedienten Roste das Feuer hemmt. Eine Abschlackung der Roste und eine Auswechslung der beschädigten Rostteile ist aber ohne Betriebseinschränkung nicht möglich. Es zeigt sich schon hier, daß der Dauerbetrieb mit großer Beanspruchung viel stärkere Ansprüche an den Kessel und Rost stellt, als eine vorübergehende Überleistung.

Die leistungsfähigsten marktgängigen Wasserrohrkessel für Landbetriebe haben Nennleistungen von 30 bis 40 kg/m²/st. Werden diese Kessel mit dieser Leistung täglich 5 bis 10 Stunden betrieben, was den Verhältnissen der weitaus meisten Landanlagen entspricht, so zeigen sie sich allermeist diesen Anforderungen gewachsen. Verlangt man aber die gleiche Leistung während eines wochen-, ja monatelangen Dauerbetriebes, so nimmt die Erwärmung des Rostes und des Mauerwerkes und der damit verknüpfte Verschleiß und Abbrand, ebenso die äußere und innere Verschmutzung der Heizflächen solche Formen an, daß einerseits unangenehme Betriebsstörungen und andererseits kostspielige und zeitraubende Instandsetzungsarbeiten bei der nachfolgenden Reinigung des Kessels auf der Tagesordnung stehen. Zweifellos weisen die Erfahrungen beim Dauerbetrieb hochbelasteter Kessel und die Maßnahmen, welche sich dort zur Durchführung des Betriebes als notwendig erwiesen haben, den Weg, den der Kesselkonstrukteur einschlagen muß, um bei hohen und auch noch höheren Beanspruchungen wirklich brauchbare Kesselbauarten zu finden.

Da es sehr schwer ist, Betriebserfahrungen bei der heute leider üblichen, in der Unruhe des aufreibenden Dienstes eines Betriebsleiters freilich ausreichend begründeten Zurückhaltung der Betriebspraktiker zu sammeln und weiteren Kreisen zugänglich zu machen, und andererseits doch schließlich im allgemeinen Interesse ein jeder das, was er selbst erprobt und erfahren hat, mitteilen sollte — sei es auch nur weniges —, so will ich den Versuch unternehmen, selbst einige Erfahrungen mitzuteilen, welche ich im mehrjährigen Betriebe einer größeren Hochleistungskesselanlage sammeln konnte, die unter den Kriegsverhältnissen fast dauernd mit Volleistung betrieben werden mußte. Dabei werde ich nur allgemeine Richtlinien angeben und auf einzelne Konstruktionen nur soweit eingehen, als dies zur Erläuterung allgemeiner Gesichtspunkte notwendig ist. Es sollen dabei der Reihe nach die Wünsche, welche der Betriebsingenieur gegenüber der gewöhnlichen Bauart der Kettenroste, des Kesselkörpers — Mauerung und Trägergerüst —, der Heizflächen und endlich der Speisevorrichtungen und Speisewasservorwärmer haben könnte, vorgebracht werden.

II. Die Kettenroste.

1. Die Roststäbe. Es wurde bereits darauf hingewiesen, daß wenigstens für Landanlagen mit Steinkohlenfeuerung ausschließlich Ketten- oder Wanderroste in Betracht kommen, wie ein solcher beispielsweise bei dem Babcock- und Wilcox-Kessel, Fig. 37, eingebaut ist. Bei starker Dauerbelastung ist der Verschleiß und der Abbrand der Roststäbe auch bei Kettenrosten sehr störend. Die meist gebrauchten gußeisernen Rostglieder werfen sich unter der Einwirkung der strahlenden Wärme des über ihnen brennenden Feuers und gehen dann leicht zu Bruch. Selbstverständlich ist die neuerdings in Aufnahme kommende Rostkonstruktion zu bevorzugen, bei welcher die Roststäbe nicht unmittelbar in schachbrettförmiger Anordnung durch Bolzen verbunden die Kette bilden, s. Fig. 40, sondern bei welcher zwei getrennte, unter den Rosten laufende schwere schmiedeeiserne Gliederketten starke Transportleisten tragen, auf welche, durch Ausklinkungen, wie sie an dem Roststab nach Fig. 43 zu sehen sind, gehalten, die

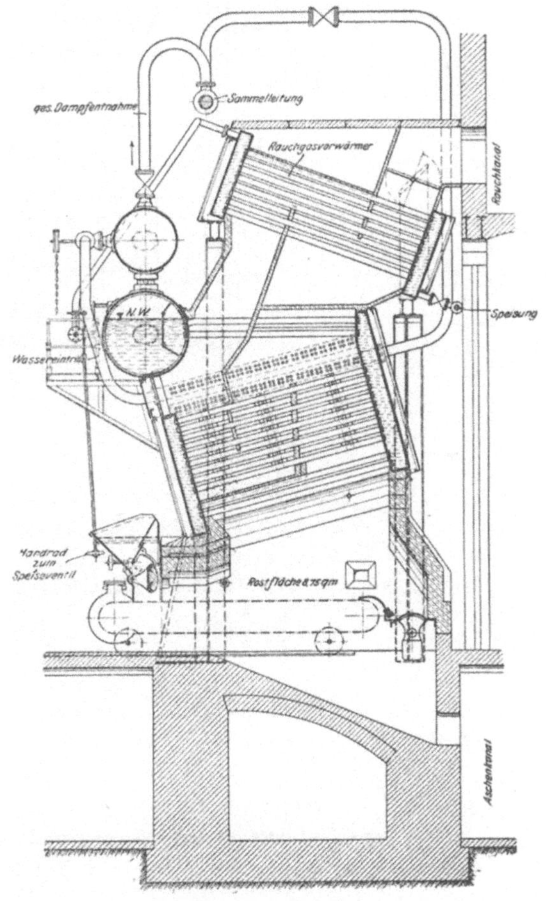

Fig. 37. Babcock-Kessel.

Roststäbe reihenweise, jede Reihe frei für sich, aufgeschoben werden. Bei dieser Rostkonstruktion können in einfachster Weise während des Betriebes oder bei kurzzeitigem Stillsetzen des Rostes aus jeder einzelnen Reihe schadhafte Glieder herausgeholt werden.

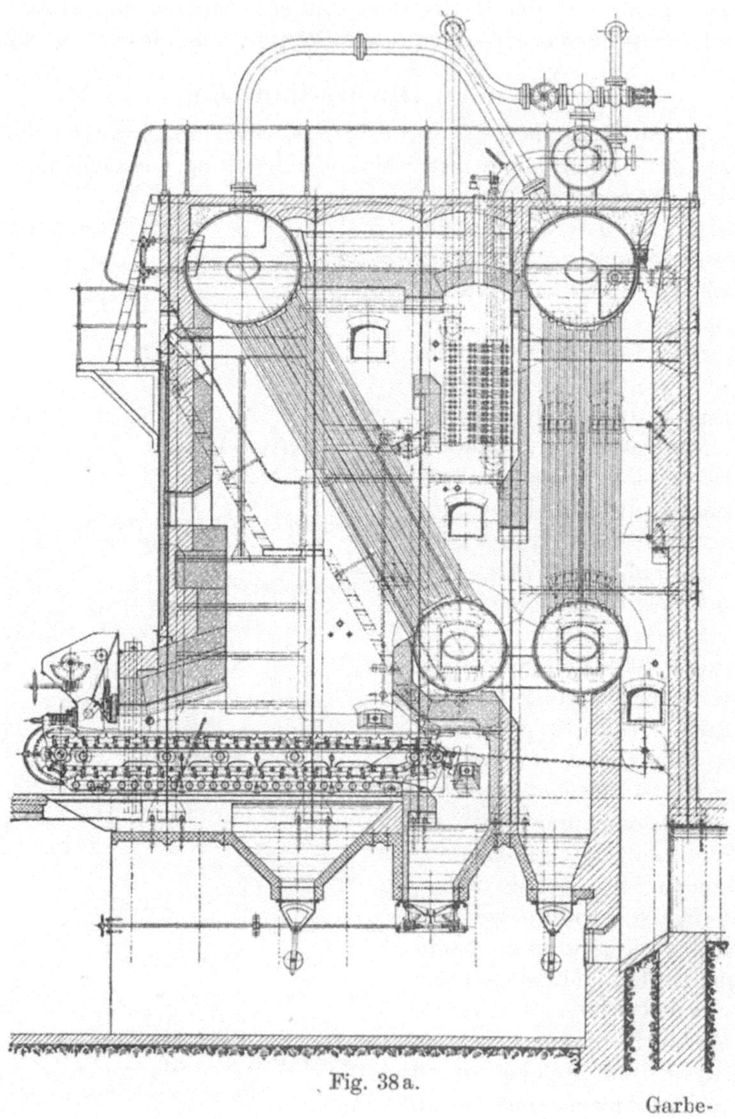

Fig. 38a.

Garbe-

Bei starker Dauerbelastung werden die Roststabdefekte aber so häufig, daß man nicht mehr während des Kesselbetriebes die notwendigen Auswechselungen vornehmen kann und zu dem Mittel greifen muß, die offenen Stellen des Rostes bei dem jedesmaligen Vorüberwandern mit Fetzen von Asbestpapier zu überdecken. Solches nötigt bald zur Erneuerung der gesamten Rostfläche, und man muß sich nach Abhilfe umsehen.

Eine Minderung des Rostverschleißes ist möglich, wenn man dafür sorgt, daß die Roststäbe möglichst eng und mit geringem Luftspalt nebeneinander gereiht in das Feuer wandern. Je enger die Luftspalten, desto höher ist auch die Geschwindigkeit der zuströmenden kühlen Frischluft in den Rostspalten und desto besser werden die Roste gekühlt. Oft ist auch schon die Temperatur der am Heizerstand erscheinenden Roststäbe, welche ja etwa alle 2 Stunden von neuem in das Feuer wandern, recht hoch, so daß eine Abkühlung der aus dem Feuer heraus-

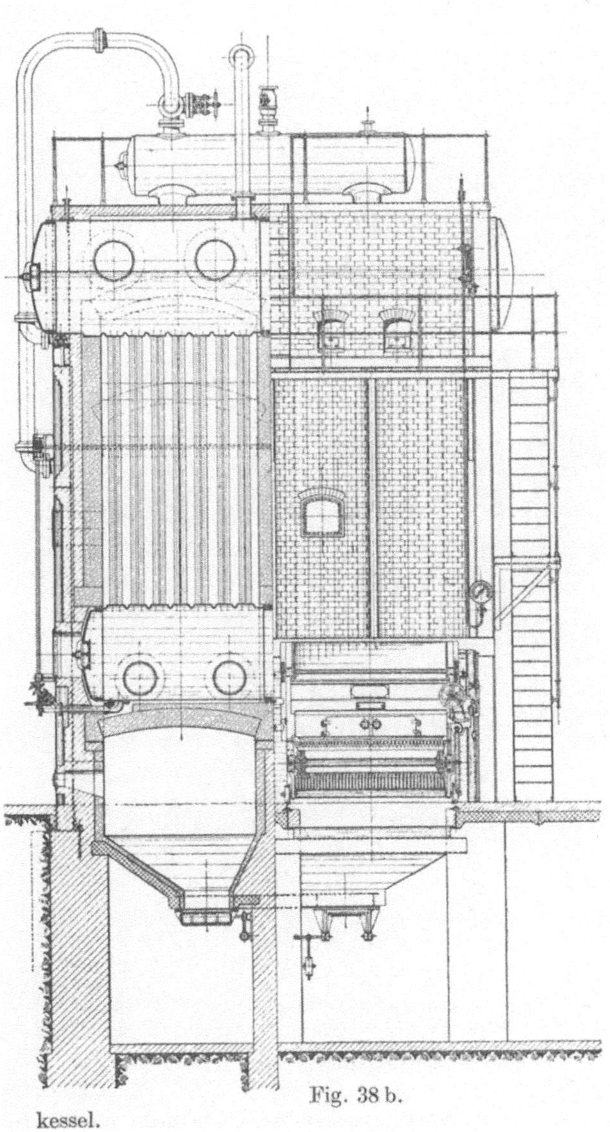

Fig. 38 b.

kessel.

wandernden gewendeten Rostteile von Vorteil ist. Wenn nämlich dieser unter den gerade benutzten Rostteilen liegende, hinauswandernde, geleerte Rost hohe Temperaturen hat, so strahlt er beträchtliche Wärmemengen an die oberhalb im Feuer liegenden Rostteile ab und erhöht deren Temperatur. Daher ist eine rasche Auskühlung des entleerten Rostes von Wichtigkeit.

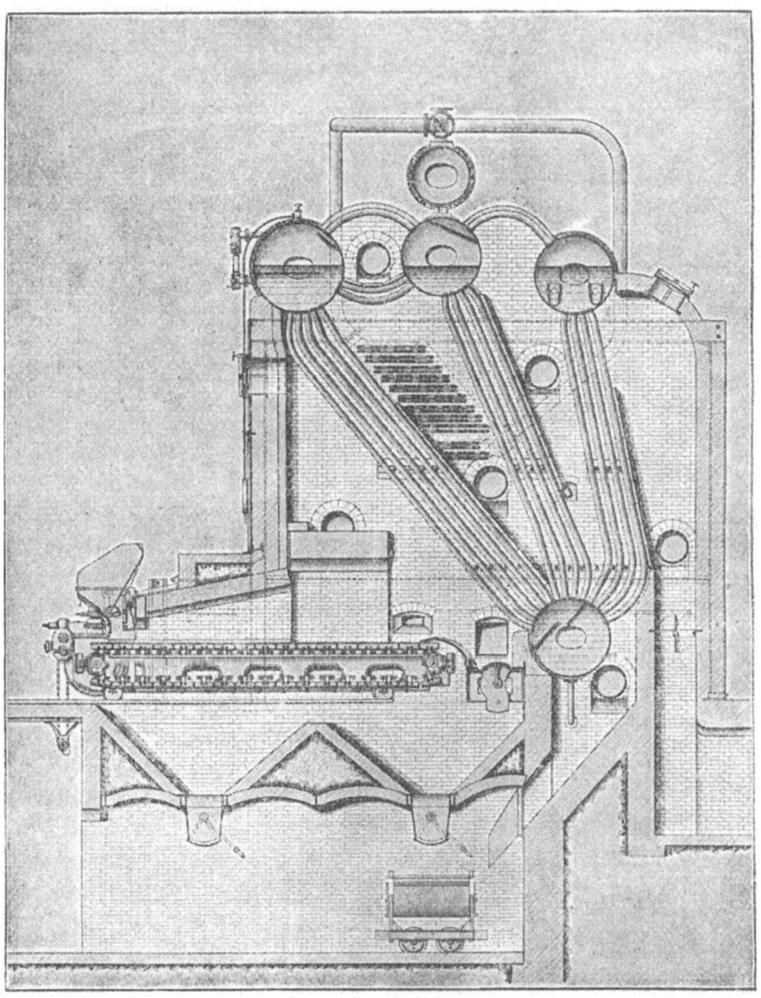

Fig. 39. Stirlingkessel.

Fig. 42 zeigt, wie bei einem Wanderrost von 8 m² durch nachträgliche einfache Änderungen eine sehr wirksame Kühlung erreicht wurde. Bei den meisten Kettenrostfeuerungen ist vor dem zur Sammlung der Schlacken dienenden Trichter S noch ein Sammeltrichter K angeordnet, aus welchem mittels eines sektorartigen Verschlusses (ähnlich wie bei S)

der von den vorderen Teilen des Rostes herabfallende, noch brauchbare und wiederverwendbare Kohlengrieß abgezapft und in Transportkarren verladen werden kann. Wenn man diesen Verschluß entfernt und an-

Fig. 40. Kettenrost.

statt dessen unter dem offen zu lassenden Sammeltrichter eine Rinne R befestigt, so wird der Abtransport des Kohlengrießes nicht gehindert, andererseits wird, wenn der Aschkeller mit entsprechenden Ventilations-öffnungen ausgerüstet wird, ein großer Teil der Verbrennungsluft aus dem Aschkeller entnommen, tritt aus dem Kohlensammeltrichter strahlförmig aus und kühlt in wirksamster Weise den gerade aus dem Feuer ablaufenden .Rostteil. Nebenher wird noch die Ventilation des Aschkellers verbessert, was oft sehr nötig ist.

Eine Beseitigung der Schwierigkeiten ist ferner, nach den bisher erzielten Versuchsergebnissen zu schließen, möglich, wenn man an Stelle der gußeisernen schmiedeeiserne Roststäbe verwendet. Allerdings

Fig. 41. Wanderrost.

scheint es weniger empfehlenswert, in Form den üblichen gußeisernen genau nachgebildete Schmiedeeisenstäbe zu verwenden. Dagegen hat sich ein schmiedeeiserner Paketrost nach Fig. 43 in bisher 12 000 stündigem Dauerbetrieb gut bewährt und gezeigt, daß er gegenüber gußeisernen Rosten, die unter genau denselben Umständen arbeiten, ein Vielfaches an Lebensdauer aufweist. Jedes Paket dieses Rostes besteht aus drei Bandeisen keilförmigen Profiles, wie es für Torpedobootsfeuerungen gebräuchlich ist. Die Löcher für die verbindenden Nieten und die Ausklinkungen zum Aufschieben auf die Transportleisten des

Wanderrostes werden zweckmäßig eingestanzt. Diese Roste erfahren nur eine geringe Erwärmung, weil die wärmeaufnehmende Kopffläche

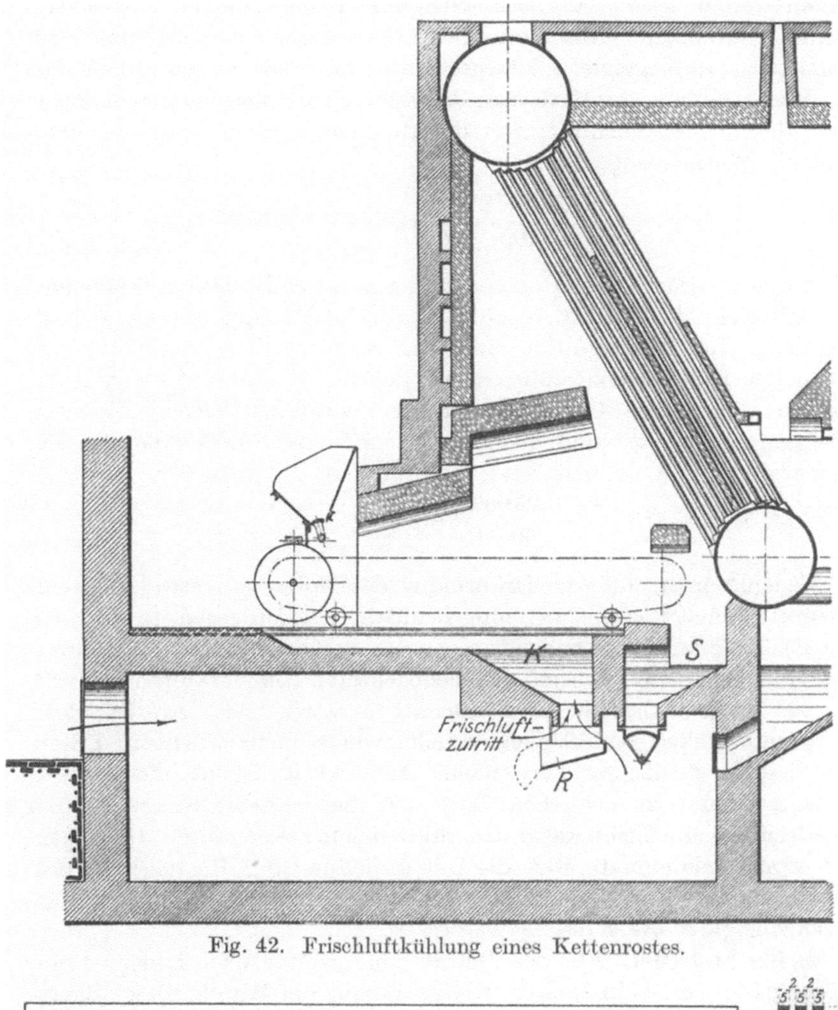

Fig. 42. Frischluftkühlung eines Kettenrostes.

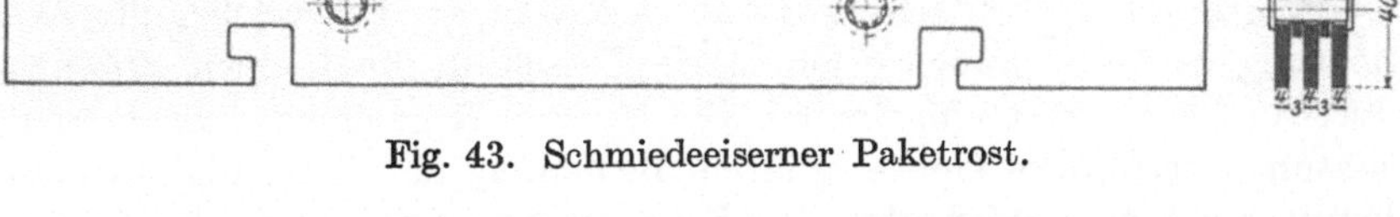

Fig. 43. Schmiedeeiserner Paketrost.

jedes Stabes sehr schmal, die gekühlten Seitenflächen dem gegenüber sehr breit sind. Eine Beobachtung der Anlaßfarben blankgemachter Stäbe ließ auf eine Erwärmung von nur etwa 200 bis 250° schließen.

Daß die Erwärmung passend geformter Stäbe innerhalb dieser sehr mäßigen, für das Stabmaterial nicht mehr gefährlichen Grenzen gehalten werden kann, läßt sich auch durch eine einfache Überschlagrechnung erhärten. Nimmt man die Temperatur der auf dem Rost unmittelbar aufliegenden Kohlenschichten zu 1300° an, so ist, da man die Rückstrahlung des Stabes an die glühenden Kohlen vernachlässigen darf, die auf den Quadratmeter der Rostfläche durch Strahlung übergehende Wärmemenge Q[1])

$$Q = 4 \cdot \left(\frac{1300 + 273}{100}\right)^4 = 250\,000 \text{ Cal/m}^2\text{st} \, .$$

Bei den vorliegenden Rostflächen ist nun der Inhalt der kühlenden Seitenflächen etwa 15 mal so groß als die Kopffläche. Bei einer Rostbelastung von 200 kg/m²st und Verbrennung guter Steinkohle berechnet sich die Geschwindigkeit der kühlen Frischluft in den Rohrspalten zu etwa 5 m/sec; dementsprechend kann man hier eine Wärmeübergangsziffer von rund 50 erwarten und eine Übertemperatur der Stäbe von

$$\frac{25\,0000}{50 \cdot 15} = 330° \, .$$

Bedenkt man, daß zur Erwärmung des Rostes auf etwa 200° eine Brennstoffschicht von etwa 2 mm Schütthöhe erforderlich ist, und daß die Rückstände dieser Schicht, wenn sie abgebrannt ist, den Wärmeübergang erschwert, so sind die beobachteten Temperaturen von 200 bis 250° wohl erklärlich. Man bemerkt aber, wie wichtig es ist, Roststäbe mit großen Kühlflächen, welche von schnellströmender Frischluft bespült werden, zu verwenden. Andererseits ist aus dieser Überschlagsrechnung zu schließen, daß auch bei weiterer Steigerung der Rostleistung die Temperatur der Stäbe nicht steigen kann, im Gegenteil sogar sinken muß, weil die mit Erhöhung der Rostleistung notwendigerweise Hand in Hand gehende Erhöhung der Frischluftgeschwindigkeit die Kühlung verbessert.

2. Die Abstreifer. Für den Betrieb von größter Wichtigkeit ist eine störungsfreie und ökonomische Entschlackung der Wanderroste. Sie geschieht in der Regel durch einen Abstreifer (vergl. Fig. 44). Einige Firmen bevorzugen die abstreiferfreie Bauart, vgl. Fig. 45, bei welcher die Abdichtung des Feuerraumes gegen falsche Frischluft durch einen zwischen Ober- und Unterrost eingebauten Blechkasten B geschieht. Beide Einrichtungen erfordern eine sorgfältige Bedienung der Feuerung; es muß darauf geachtet werden, daß das Feuer, wenn es am Ende des Rostes anlangt, gut ausgebrannt ist; andererseits darf die Bedeckung des

---

[1]) Vgl. „Hütte", 22. Aufl. Bd. II, S. 390 und Gentsch, Kesselanlagen, S. 53.

Rostes mit dem Feuer auch nicht zu knapp sein, weil sonst eine wirtschaftliche Verbrennung mit mäßigem Luftüberschuß unmöglich wird.

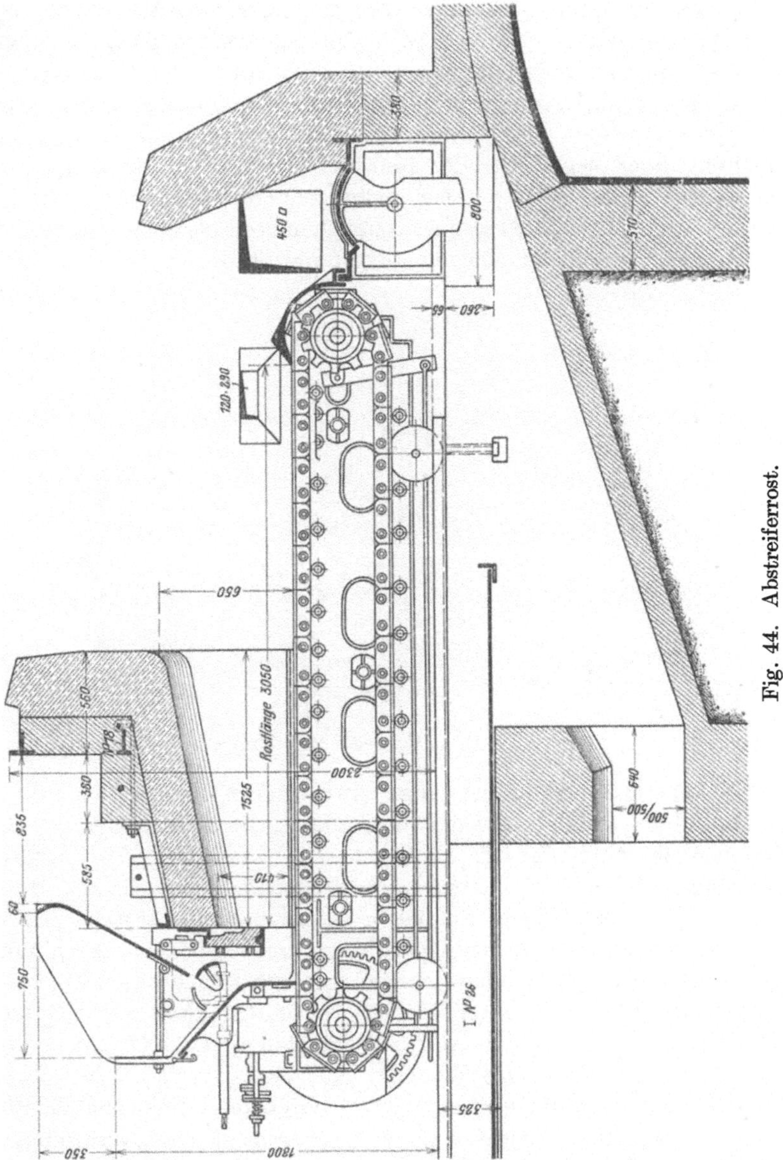

Fig. 44. Abstreiferrost.

Läßt man das Feuer zu lang werden, so hat man bei dem abstreiferlosen
Rost einen großen Verlust durch das Herunterfallen unausgebrannter
Kohle in den Aschfall. Beim Abstreiferrost werden nun am Rostende

Kohlen und Schlackenberge angestaut, und in dem Haufen tritt eine lebhafte Nachverbrennung ein, so daß leicht ein völliges Ausbrennen erzielt werden kann. Enthält aber die angestaute Masse zu viel an noch brennbaren Kohlen, so wird die Nachverbrennung so lebhaft, daß einerseits die Abstreifer verbrennen und andererseits die Schlacken vor dem Abstreifer zu großen Klumpen zusammenschmelzen, welche nur mit mühevoller Handarbeit und nicht immer ohne Betriebsunterbrechung über den Abstreifer hinüberbefördert werden können. Bei der abstreiferlosen Bauart haben andererseits die abfallenden Schlackenberge meist einen Gehalt an Verbrennlichem von etwa 30 v. H. Sie enthalten stets erhebliche Mengen unverbrannter Koksstückchen. Es ist

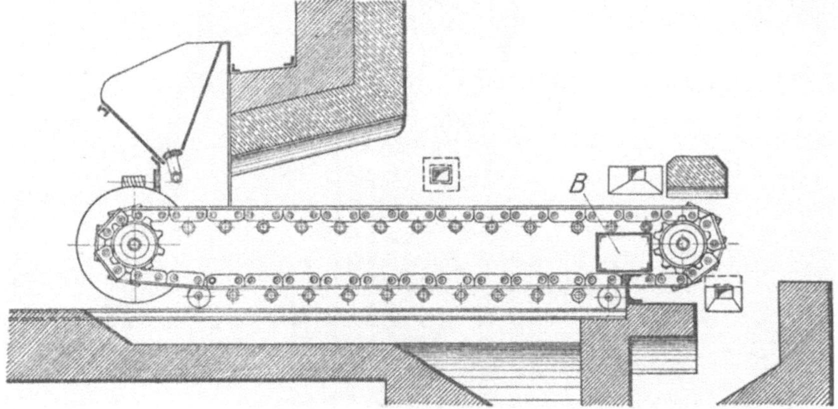

Fig. 45. Abstreiferloser Rost.

auch ganz selbstverständlich, daß ein besseres Ausbrennen ohne Anstauung durch einen Abstreifer überhaupt nicht zu erreichen ist. Denn bei einer Schütthöhe der Frischkohlen von 150 mm beträgt die Schichthöhe der Rückstände — bei 10 v. H. Aschengehalt — nur 15 mm. Durch die relativ dünne Schicht der ausbrennenden Kohlenschicht pfeift die Verbrennungsluft unvermeidlicherweise in großem Überschuß hindurch, reißt noch einen Teil als Flugasche mit und kühlt die übrigen Rückstände so stark ab, daß das Feuer erlischt, ehe alle ohnehin nur träge verbrennenden Koksstückchen, die Überbleibsel der in den ersten Teilen des Feuers vollständig entgasten Frischkohlen, ausgebrannt sind. Des ferneren hindert die bei dünnen Brennstoffschichten unverhältnismäßig starke Wärmeausstrahlung, wie schon auf S. 10 erklärt, das Ausbrennen der Kohle, selbst wenn man durch Einbau besonderer Windschirme den Luftüberschuß am Rostende einschränkt.

Auch bei ganz gleichartigen Brennstoffen und Betriebsbedingungen sind die Schlackenberge, welche von abstreiferlosen Rosten entfallen, leicht zu unterscheiden von den Abgängen der Abstreiferroste. Letztere erscheinen als große, bräunlich und gelblich gefärbte Klumpen, untermengt mit gelblicher Flugasche, an denen man kaum noch etwas Verbrennliches entdecken kann. Die Rückstände der abstreiferlosen Roste sind dagegen schwärzliche Massen, welche neben daumengroßen Schlacken zahlreiche, mit Flugasche vermengte Kokskörner zeigen.

Das Problem der Entschlackung der Wanderroste ist also noch keineswegs als endgültig gelöst zu betrachten. Eine gewisse Verbesserung sollen die Steinmüllerschen Staupendel bringen, vgl. Fig. 46, welche ein gleichmäßigeres Anstauen und Ausbrennenlassen der Rostabgänge gestatten sollen. Wenn die Rostabgänge vor den Staupendeln bis zu einer mäßigen Höhe angestaut sind, geben die Pendel nach und lassen die Schlackenberge ablaufen, so daß tatsächlich bei dieser Konstruktion die Bildung allzu hoher Schlackenstauun-

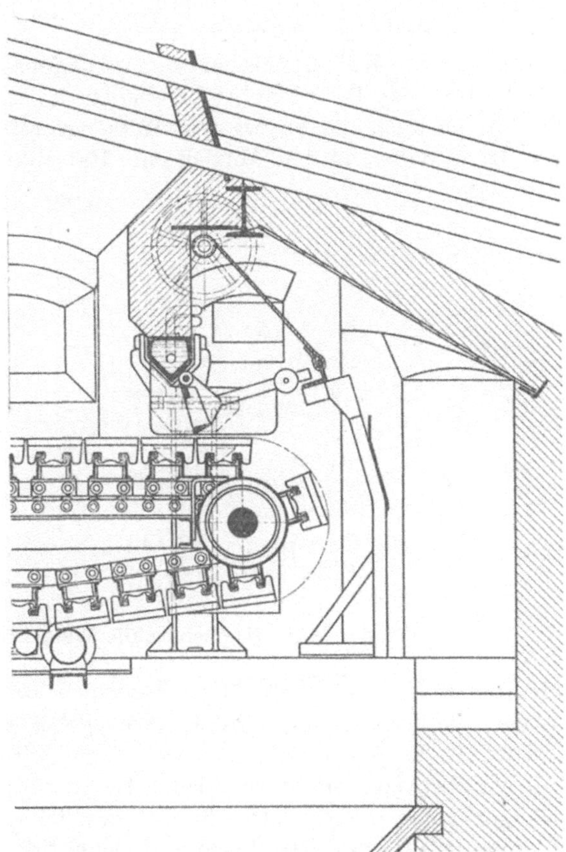

Fig. 46. Staupendelrost von Steinmüller.

gen oder allzu großer Schlackenklumpen weniger störend in Erscheinung tritt, als bei einem einfachen Abstreifer. Anderseits haben wenigstens bisher diese Konstruktionen ähnliche Nachteile wie alle wassergekühlten Abstreifer. In dem Kühlwasserraum setzt sich leicht Kesselstein ab. Wenn er nicht zur Genüge entfernt werden kann, wachsen die Kesselsteinkrusten schließlich zu großer Stärke an und die eisernen Wandungen der wassergekühlten Räume werden überhitzt und zerstört. Ein endgültiges Urteil über diese und ähnliche Konstruktionen könnte man daher erst an Hand einer längeren Erprobung fällen, die jedenfalls zur Zeit noch nicht als abgeschlossen gelten kann.

3. Der Rostantrieb. Die mechanischen Antriebsvorrichtungen für Wanderroste scheinen auf den ersten Blick dem Konstrukteur keine Schwierigkeiten zu machen. Und doch zeigt sich im Betrieb, daß gerade der Rostantrieb bei stark beanspruchten Kesseln viele Schwierigkeiten macht und zahlreiche Störungen verursacht. Aus diesem Grunde führt man in neuerer Zeit die mechanischen Antriebsorgane der Wanderroste sehr kräftig aus. Trotzdem brechen bei stark beanspruchten Feuerungen des öfteren auch die kräftigsten Antriebsvorrichtungen. Empfehlenswert ist es daher, in den Antrieb eine Ratschkupplung, Fig. 47, einzu-

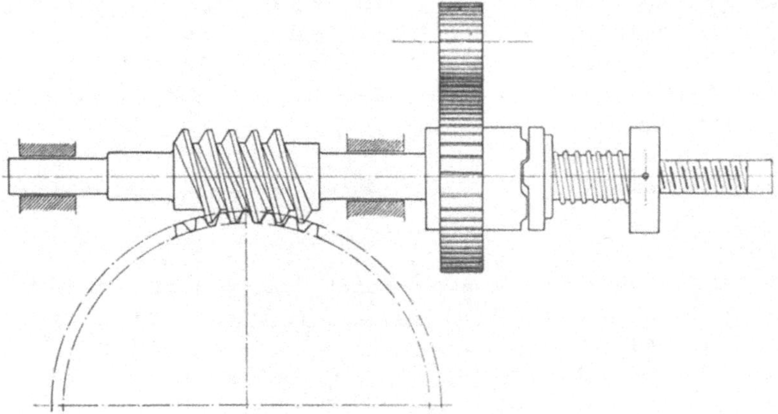

Fig. 47. Ratschkuppelung für Wanderrostantriebe.

schalten, welche bei übermäßiger Beanspruchung auslöst und die sehr lästigen Betriebsstörungen infolge von Brüchen der Wellen und Antriebsräder des Rostes hindert. Der Grund dieser oft und unerwartet auftretenden, fast unüberwindlichen Hemmungen des in der Regel an sich gar nicht einmal allzuschwer beweglichen Wanderrostes ist die Bildung großer Schlackenkuchen, welche fest an den Seitenwänden des Feuerraumes haften und sich über einen großen Teil des Rostes erstrecken können (vgl. Fig. 48). Da diese Schlackenkuchen fast unlösbar mit der Wand verschweißt sind, müssen sie auf dem wandernden Rost gleiten, dabei beträchtliche Reibung erzeugend. Die Entstehung dieser — nur bei dauernd stark beanspruchter Feuerung auftretenden, dort aber außerordentlich störenden — Schlackenkuchen ist unschwer zu erklären. Unter dem Einfluß des Feuers nehmen die aus Chamottesteinen aufgemauerten Wandungen des Feuerraumes, namentlich auch dessen Seitenwände, sehr hohe Temperaturen an. Die bei normaler Temperatur festen Steine beginnen zu sintern und verwandeln sich an ihrer Oberfläche in eine zähflüssige Masse, welche, wenn auch langsam, unter der Wirkung ihres Eigengewichtes an der Wand herunterfließt. Sobald die herabrinnende feuerflüssige Masse den Rost erreicht, wird sie durch die frische Verbrennungsluft abgekühlt und erstarrt in Form eines ausgekragten Ansatzes. Die neuen, herabrinnenden Massen verstärken und verbreitern den Ansatz, bis er zu einem großen Schlackenkuchen anwächst, welcher der Art seiner Entstehung nach untrennbar

Fig. 48. Schlackenkuchen auf einem Wanderrost.

mit der gemauerten festen Wand zusammengeschmolzen ist. Möglicherweise sind auch auf den Wänden niedergeschlagene Flugaschenteilchen an der Bildung des zähflüssigen, langsam an der Wand herabrinnenden Schmelzflusses beteiligt. Unerwünschterweise wird diese Erscheinung noch verstärkt, wenn man die Segmente des Lineals (vgl. Fig. 44) so staffelt, daß an den Rostwänden, also nahe der Wand, die Schütthöhe um etwa 20 v. H. höher ist als in der Mitte. Dies ist notwendig, um für die durch die unvermeidlichen Spalten zwischen Rostkante und Mauerwerk reichlich eintretende Verbrennungsluft auch den notwendigen Brennstoff bereitzustellen. Ohne Staffelung ist es eben nicht möglich, eine günstige Verbrennung mit mäßigem Gesamtluftüberschuß zu erzielen.

Wenn die sehr fest an der Wand haftenden Schlackenkuchen nicht wöchentlich einigemale mit schweren, von mehreren Männern bedienten Brechstangen abgeschlagen werden, wachsen sie zu solcher Größe an, daß sie auch den kräftigsten Rostantrieb zum Stillstand oder Bruch bringen.

III. Feuerraum und Verbrennungsvorgang.

1. Kühlung der Feuerwände und der Traggerüste. Die im vorhergehenden Kapitel eingehend geschilderten Betriebsschwierigkeiten, welche die durch allzu hohe Wandtemperaturen verursache Schlackenkuchenbildung veranlaßt, legen es nahe die gemauerten Feuerraumwände zu kühlen, d. h. sie nicht so übermäßig stark in der Mauerung auszuführen, wie es oft üblich ist. Es ist zwar nicht zu hoffen, daß es so gelingen wird, die Temperatur der Innenfläche der Mauerung erheblich niedriger als die Feuerraumtemperatur zu halten; dazu ist der Wärmeübergang durch Strahlung und Berührung von dem unmittelbar davor brennenden Feuer ein zu guter. Aber es genügt ja schon, wenn nur das Temperaturgefälle in der Wand erhöht wird, d. h., wenn der Temperatursprung von der Feuerraumtemperatur bis zur Temperatur der Außenfläche in einer dünneren Wand zurückgelegt wird. Es ist eine solche Maßnahme im Hinblick auf die Erneuerungskosten des Mauerwerkes durchaus wirtschaftlich. Bei der 65 cm starken Mauerung eines Steilrohrkessels wurde beispielsweise nach etwa 10 000 Stunden ein 20 cm tiefer Abbrand beobachtet, welcher die Erneuerung der Mauerung notwendig machte. Nach den bekannten Wärmeleitungskoeffizienten[1]) berechnet betrug der stündliche Verlust auf jeden Quadratmeter der Wandung etwa 700 WE, oder bei 10 000 Stunden insgesamt 7 Mill. WE, was einem Friedenswert von etwa 15 M. entspricht. Die Erneuerung des Mauerwerkes erforderte pro Quadratmeter der Mauerung etwa 50 M., so daß insgesamt eine Auslage von 65 M. entstand. Es wurde nun versuchsweise die Mauerung nur 38 cm stark hergestellt, worauf ihre Haltbarkeit ganz erheblich größer war; nach 10 000 Stunden betrug der Abbrand etwa 8 cm. Man konnte daher mit der doppelten Lebensdauer der Mauerung rechnen, die überdies etwas billiger war, und etwa 35 M. pro Quadratmeter erforderte. Allerdings war der Wärmeverlust größer, etwa im Betrage von 25 M. pro 10 000 Stunden, so daß eine Ausgabe von insgesamt 25 M. $+ 35/2 = 42{,}50$ M. pro 10 000 Stunden in Rechnung zu setzen war.

Das Wichtigste aber ist, daß bei einer dünneren Wand Abbrand und Schlackenkuchenbildung und die damit verknüpften Betriebsstörungen viel geringer sind, als bei starken Wandungen, eine Erfahrung,

---

[1]) Vgl. Gentsch, Kesselanlagen, S. 57.

welche man auch schon beim Bau von Öfen für hüttentechnische Zwecke gemacht hat. Es ist daher richtig, wenn man die Mauerstärken nicht zu groß wählt. Im übrigen entstehen die größten Wärmeverluste durch die Undichtigkeit der Mauerwerkskörper, welche bei der im Betrieb unvermeidlicherweise wiederkehrenden Abkühlung und Erwärmung immer von neuem Risse zeigen. Bei guten Ausführungen wird daher, was zweckmäßig ist, durch eine allseitige Blechverkleidung der erforderliche Luftabschluß erzielt.

Bei dauernd und stark beanspruchten Feuerungen zeigen sich ferner Schwierigkeiten durch Verbrennen einzelner Träger des Eisenfachwerkgerüstes, welches als Stützkonstruktion für die Kesselteile und als Gerippe und Halt für das Mauerwerk dient. In der Nähe des Verbrennungsraumes gelegene Träger, bei welchen nicht wenigstens der eine Flansch Berührung mit der Außenluft hat, nehmen, auch wenn sie durch starkes Chamottemauerwerk geschützt sind, so hohe Temperaturen an, daß sie nach mehreren Wochen ununterbrochenen Dauerbetriebes sogar im Inneren des Mauerwerkes durch und durch verzundern. Namentlich ist dies der Fall bei den in der Mittelwand von Doppelkesselaggregaten gelegenen Trägern. Oft pflegt man nämlich zur Einsparung von Grundfläche und um in dem Betriebe die Wärmeverluste zu mindern, zwei gleichartige Kessel als Doppelkessel nebeneinander zu legen, allerdings eine für den Betrieb sehr unerwünschte Maßnahme, weil sie die Bedienung und Beobachtung der Roste erschwert, die dann nur von einer Seite zugänglich sind. Den in der gemeinsamen Trennwand liegenden Trägern wird aber auf diese Weise die Abkühlungsmöglichkeit entzogen.

Fig. 49 bis 51 zeigen, wie bei einem Steilrohrdoppelkessel dieser Mangel behoben wurde. Der ursprünglich dicht und ohne die angegebenen Luftkanäle in die Wand eingemauerte Träger dient zur Stützung der Oberkessel; er wurde regelmäßig nach einigen Wochen ununterbrochenen Dauerbetriebes vollständig zerstört und in haltlosen Zunder verwandelt, so daß die Oberkessel nur noch an dem Mauerwerk eine sehr mangelhafte Stütze fanden. Es war dies auch eigentlich selbstverständlich, weil der Träger beiderseits von der weißglühenden Feuerraummauer eingeschlossen war. Zur Abhilfe wurde nun um einen Ersatzträger der angegebene, einige Zentimeter weite Luftspalt ausgespart und der so gebildete Kamin unten und oben durch im Mauerwerk ausgesparte Stichkanäle mit der kühlen Außenluft in Verbindung gebracht. Damit waren die Schwierigkeiten beseitigt, und die mit einem Thermometer gemessene Temperatur des Trägers stieg jetzt auch im Dauerbetrieb nur auf 250°. In den ersten Tagen des Betriebes zeigte sich freilich, daß durch die dünnen Trennwände zwischen Feuerwand und Luftkamin falsche Frischluft in die Feuerung eingesogen wurde. Sehr bald aber wurde die Wand vollständig dicht. Dies ist auch nicht zu ver-

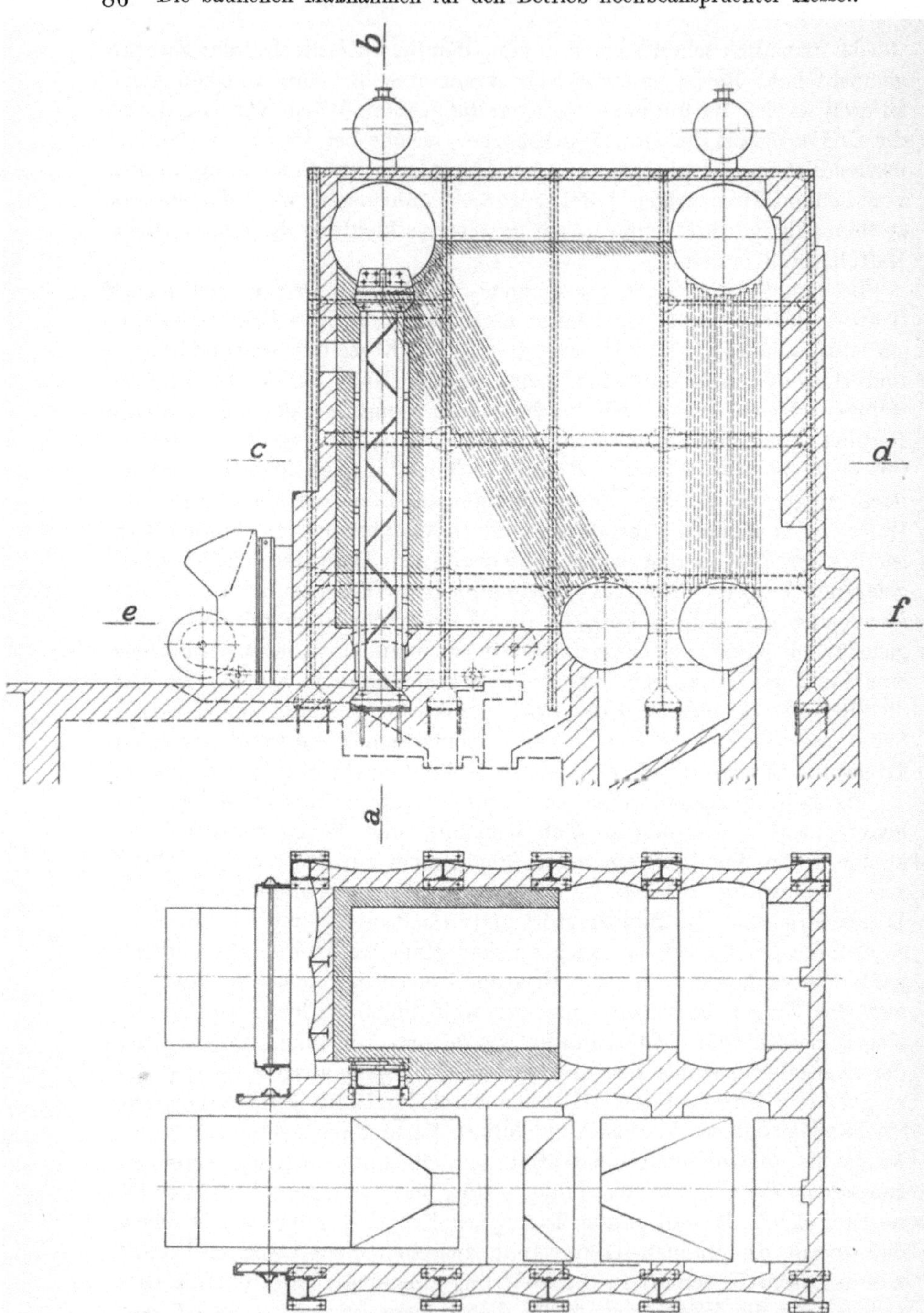

Fig. 49 und 50. Luftkühlung der Oberkesselträger eines Steilrohrkessels.
(Seitenriß und Grundriß.)

wundern; denn so unangenehm auch die oben erwähnte, an den Wandungen des Feuerraumes langsam herabrinnende, zähflüssige geschmolzene Stein- oder Schlackenmasse ist, so hat sie doch das Gute, den Feuerraum mit einer glänzenden und absolut luftdichten Glasur zu überziehen[1]).

Auch die eisernen Unterstützungsbalken von Überhitzern verbrennen sehr häufig. Um dem abzuhelfen, verwendet man als Träger zweckmäßig ein starkes schmiedeeisernes Rohr oder einen hohlen, aus Profileisen und Deckblechen genieteten Träger. Das Rohr oder den hohlen Träger umkleidet man zum Wärmeschutz mit Chamotterohren oder Asbestzopf und legt darauf die Überhitzerrohre auf. Dem Innern des Rohres bzw. des Trägers führt man durch ein kleines Gasrohr, welches ebenfalls in geeigneter Weise, z. B. Einmauern, gegen Wärmezufuhr geschützt ist, Frischluft von außen zu. Weil innerhalb des Kessels im Betrieb stets erheblicher Unterdruck

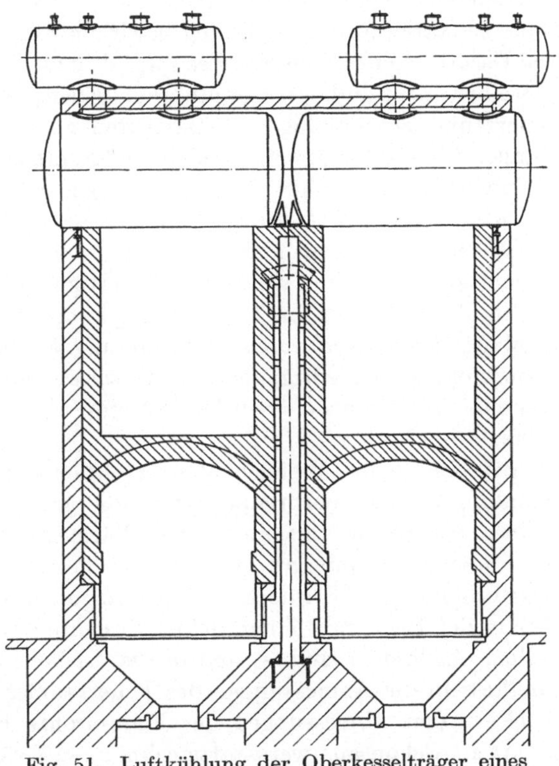

Fig. 51. Luftkühlung der Oberkesselträger eines Steilrohrkessels. (Aufriß.)

ist und nur geringe Mengen an Kühlluft nötig sind, genügt eine ganz schwache Luftzuleitung. Die in dieser Weise herbeigeschaffte Kühlluft läßt man nun das Rohr, bzw. das hohle Innere des Trägers durchstreichen und dann entweder in den Kessel ausströmen, was wegen der meist ausreichenden geringfügigen Mengen angängig ist, oder man

---

[1]) Natürlich treten solche Fehler nur bei dauernd stark beanspruchten Kesseln in Erscheinung. Wie selten Kessel wirklich einer scharfen Dauerbeanspruchung unterworfen werden, geht daraus hervor, daß es sich hier um eine marktgängige Kesselkonstruktion handelt, welche viele Jahre gebaut und vertrieben wurde, ohne daß dieser Mangel allzusehr gestört hätte, oder die Kesselfirma zur Änderung des Einbaues veranlaßt hätte.

führt sie durch ein besonderes Rohr in den Fuchs. — In ähnlicher Weise kann man mit mäßig großen Zu- und Abluftrohrleitungen auch sehr schwer erreichbare Träger im Innern von Kesselkonstruktionen kühlen, eine Maßnahme, die schon von mehreren Firmen mit Erfolg angewandt wurde.

2. Feuerraumtemperatur und Flammenlänge. Zur Erzielung einer vollständigen und möglichst rauchfreien Verbrennung, welche außerdem keine zu starke Flammenbildung bewirken soll, ist es nötig, Abmessung und Gestaltung des Feuerraumes sorgfältig zu erwägen und insbesondere denselben nicht zu klein auszuführen. Ebenso nötig ist es auch, in dem Feuerraum zweckmäßige Temperaturen zu erzielen, weil bei niederer Temperatur die Verbrennung nicht vollkommen sein kann, ebenso wie sie auch bei zu hoher Temperatur, wie schon erwähnt, durch die Dissoziation gehemmt wird.

Die in den früher allgemeiner gebräuchlichen Flammrohrkesseln, namentlich auch, wenn weniger hochwertige Kohle verbrannt wurde, erzielten Temperaturen im Verbrennungsraum waren infolge der starken Kühlung des Feuers durch Ausstrahlung an die eisernen Wände des Flammrohres so niedrig, daß es oft schwer hielt, eine genügende Verbrennung zu erreichen. Seitdem ist man aber ins andere Extrem verfallen.

Bei den heute üblichen Wasserrohrkesseln bestehen nämlich die Wandungen des Verbrennungsraumes größtenteils aus feuerfesten Steinen, welche nur verschwindende Wärmemengen fortleiten und daher fast dieselben Temperaturen wie das Feuer selbst annehmen. Eine Ausstrahlung von Wärme kann nur erfolgen an die Wasserrohre, welche aber in der Regel nur einen kleinen Bruchteil der Raumoberfläche darstellen. Außerdem sind — und das ist vielleicht noch wichtiger — bei Großkesseln die Abmessungen des Feuerraumes ganz gewaltig im Vergleich zu den Abmessungen der Flammrohre bei den älteren Kesselbauarten. Schon aus werkstattstechnischen Gründen ist man genötigt, große Flammrohrkessel mit mehreren kleineren Flammrohren auszurüsten, die selten größere Durchmesser als 1,0 m haben. Dagegen betragen die lichten Ausmaße der Verbrennungsräume größerer Wasserrohrkessel, welche ja in einer Feuerung oft die 20fache Leistung einer Flammrohrfeuerung beherbergen, vielfach nach Höhe und Breite 3 m und mehr, das ist etwa drei oder viermal so viel, als bei Flammrohren üblich. Mit dieser Vergrößerung der Abmessungen der Feuerungen auf das Dreifache ist unvermeidlicherweise die Einwirkung der strahlenden Wärme auf die Feuerraumtemperatur beträchtlich gemindert, vorausgesetzt allerdings, daß es gelingt, in der Raumeinheit des großen Verbrennungsraumes eine gleich intensive Verbrennung zu erzielen wie bei kleinen Kesseln. Oft ist dies freilich nicht der Fall. Ein einfacher

Versuch, welchen man mit zwei gleichartigen, aber in der Größe genügend verschiedenen Feuerungen anstellt, lehrt ohne weiteres, daß bei gleicher Belastung des Rostes an stündlich zu verbrennender Kohlenmenge die Flammen bei der großen Feuerung erheblich länger ausfallen. Dies kann keinesfalls hinreichend mit einer ungenügenden Durchmischung der durch den Rost gesogenen Frischluft mit den gasförmigen Produkten der brennenden Kohle erklärt werden. Wenn man bei dem großen Roste dieselben Kohlen in den gleichen Mengen pro Rostflächeneinheit verbrennt, muß ja die Mischung von Frischluft und Kohlengasen in der Brennstoffschicht und oberhalb derselben genau gleichartig verlaufen. Der Umstand, daß erfahrungsgemäß große Feuerungen oder große Roste bei sonst gleichen Umständen erheblich längere Flammen erzeugen, wird häufig viel zu wenig beachtet. Man trifft oft Wasserrohrkessel, bei denen die Höhenlage oder die Entfernung der ersten Rohre von dem Feuer viel zu gering bemessen ist, wenigstens unter Berücksichtigung der Rostgröße. Beispielsweise erzeugt westfälische Nußkohle, Körnung 4, von der normalen Beschaffenheit auf einem Wanderrost von 3 mal 5 m Rostfläche bei einer stündlichen Rostbelastung von 150 kg pro Quadratmeter Flammen von einer Länge bis zu etwa 5 m. Dabei ist ein Verbrennungsraum vorausgesetzt, bei welchem etwa ein Drittel durch eine Wasserrohrreihe eingenommen wird, während die übrigen zwei Drittel durch Mauerung gebildet werden. Außerdem gilt diese Angabe für den normalen Luftüberschuß von etwa 50 v. H. Auf einem kleinen Rost von 0,70 mal 1,50 m beobachtet man unter ähnlichen Umständen als Flammenhöhe kaum 2—3 m. Wird bei der Kesselkonstruktion auf die Länge der Flamme nicht genügend Rücksicht genommen, und werden die Wasserrohre zu nahe an den Feuerraum herangerückt, so entsteht nicht nur eine stark rauchende Feuerung, was praktisch immer das äußere Zeichen mangelhafter Verbrennung ist, sondern es tritt auch häufig eine ganz beträchtliche Menge von Kohlenoxyd in den Rauchgasen auf, ungeachtet des Umstandes, daß insgesamt der Feuerung genügend oder gar reichlich Verbrennungsluft zugeführt wird. Außer diesen Verlusten an nutzbarer Wärme entstehen auch sehr häufig Betriebsstörungen, weil die unmittelbar in die Flamme eingetauchten Wasserrohre sehr leicht undicht werden. Allerdings tritt auch unter diesen ungünstigen Umständen eine Störung an den Wasserrohren erfahrungsgemäß nicht ein, wenn dieselben innerlich gut gereinigt werden. Praktisch ist es jedoch sehr schwer zu verhüten, daß nicht gelegentlich Krusten von Kesselstein während mehrerer Reinigungsperioden stehenbleiben. Gegen derartige Ablagerungen sind unmittelbar den Flammen ausgesetzte Wasserrohre, ebenso wie jegliche andere Heizfläche empfindlich. Rückt man jedoch die Wasserrohre aus dem Feuer heraus, so tritt keine so konzentrierte Belastung der Wasserrohre an einzelnen dem Feuerstrom besonders ausgesetzten Punkten auf, und Rohrdefekte werden sehr selten.

Die Photographie (Fig. 52) zeigt einen Abschnitt aus einem Wasserrohr, welches einen der typischen Defekte aufweist. Innen an dem Wasserrohr haftete eine etwa 4 mm starke Kruste von Kesselstein (vgl. Fig. 53). Der schichtweise Aufbau, welcher im Querschnitt ganz ähnlich aussieht, wie die im Querschnitt eines Holzstammes sichtbaren Jahresringe, lehrt, daß derartige Krusten zahlreiche Reinigungsperioden infolge ungenügender Sorgfalt bei Handhabung der Reinigung überstehen. Die Rohrwand glüht an der betreffenden Stelle vollkommen aus und verwandelt sich größtenteils in schwärzlichen Zunder; wenn das tragfähige Material bis auf etwa Millimeterstärke zerstört ist, tritt eine Ausbauchung ein, und das Rohr fängt an zu blasen. Bei Wasserrohren, welche nicht unmittelbar in den Flammen liegen, sind derartige Defekte äußerst selten, überdies sind sie in der Regel nur zu beobachten, wenn infolge Unachtsamkeit die Kesselsteinkruste eine sehr erhebliche Stärke annimmt.

Man wird daher aus Gründen der Betriebspraxis verlangen, daß die Feuergase, ehe sie in die ersten Rohrreihen eingeleitet werden, im wesentlichen ausgebrannt sind. Oft ist es durch einfache Änderungen der Gewölbe möglich, dieser Forderung noch nachträglich gerecht zu werden. Fig. 54 zeigt einen geradrohrigen Steilrohrkessel in seiner ursprünglichen Anordnung, die danebenstehende Fig. 55 den geänderten Kessel. Im ursprünglichen Zustand war die Verbrennung zwar nicht übermäßig

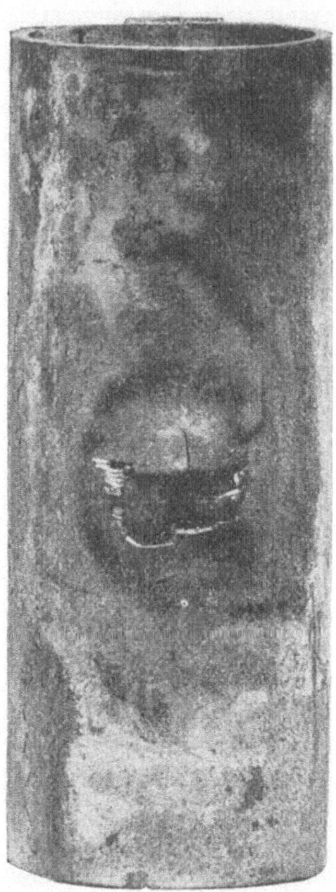

Fig. 52. Abschnitt eines ausgebeulten und lecken Wasserrohres.

schlecht, und es entwickelte sich auch nicht übermäßig viel Rauch; aber infolge besonders ungünstiger Speisewasserverhältnisse und mangelhafter Sorgfalt bei der Reinigung oder Fehlens geeigneter Reinigungsapparate traten häufig Rohrdefekte an den mit R bezeichneten Stellen auf. Nach Kürzung des oberen Leitgewölbes bis auf einen kleinen Stummel (vgl. Fig. 55) verschwanden alle diese Schwierigkeiten, das Feuer war, wie man unmittelbar beobachten konnte, bis zu der Stelle, an der die Feuergase in das Rohrbündel seitlich hineintreten, auch bei der stärksten Belastung vollständig ausgebrannt. Man müßte nun erwarten, daß zwar die Verbrennungsverhältnisse dieser Feuerung verbessert wurden, daß aber im übrigen der Wirkungsgrad des Kessels schlechter wurde, weil ja die Heizfläche weniger intensiv zur Wärmeabgabe herangezogen wurde. Sorgfältig vorgenommene Versuche zeigten jedoch keine Minderung der Kesselleistung; auch die Abgastemperatur an zwei derartigen Kesseln, von denen der eine verändert, der andere noch unverändert war, wiesen keinerlei Unterschiede auf. Zweifellos ist dies damit zu erklären, daß die Wärmeaufnahme im ersten Rohrbündel nach Kürzung des Leitgewölbes nicht schlechter wurde, weil zwar vielleicht der Wärmeübergang durch Berührung gemindert, dafür jedoch der Wärmeübergang durch Strahlung ganz erheblich verbessert wurde.

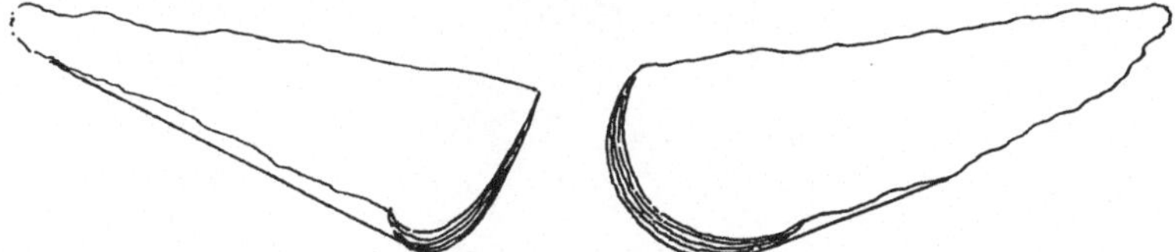

Fig. 53. Kesselsteinkruste aus dem Wasserrohr nach Fig. 52.

Diese Erfahrung zeigt deutlich, daß es durchaus falsch ist, an den Ausmaßen des Feuerraumes sparen zu wollen. Sie zeigt ferner, daß es betriebstechnisch besser ist, im Feuerraum Heizflächen anzubringen, die eigentlich nur zur Wärmeausstrahlung dienen. Es ist erwiesen, daß durch diese Maßnahmen eine Besserung der Betriebsverhältnisse des Kessels in dem Sinne der einführenden Bemerkungen erzielt wird, indem die bei der ursprünglichen Ausführung durch die unmittelbare Einwirkung der Flamme allzu stark belasteten Rohrabschnitte entlastet, dagegen die weiter oben gelegenen stärker herangezogen wurden. Damit nun jedoch die Feuerräume nicht allzu große Abmessungen annehmen, ist zweckmäßig danach zu forschen, welche Ursachen wohl die außerordentliche Größe der Flamme bedingen und welche Mittel zu ihrer Verkürzung taugen. Dazu ist es nötig, etwas näher in den Mechanismus des Verbrennungsvorganges einzudringen, was im nächsten Abschnitt geschehen soll.

3. Der Verbrennungsvorgang als chemische Reaktion. Den Verbrennungsvorgang innerhalb der glühenden Kohlenschicht und oberhalb derselben in den Flammen kann man sich etwa folgendermaßen vorstellen: Die frische Verbrennungsluft wird durch die Hohlräume zwischen den einzelnen Kohlenstückchen hindurchgesogen. Unmittelbar an der Oberfläche der Kohlenstückchen selbst wird die Gasatmosphäre aus den im ersten Abschnitt angegebenen Gründen aus reinen Kohlengasen bestehen. Es wird sich hier um die Kohlenstückchen eine Art Grenzschicht ausbilden, innerhalb derer Luft bzw. Sauerstoffmangel herrscht und sich im wesentlichen unverbrannte Gase, wie Kohlenoxyd, Methan u. a. finden, ähnlich wie bei unseren mit chemischen Mitteln angestellten Diffusionsversuchen mit Zylindermodellen (vgl. Fig. 12 und 13) die

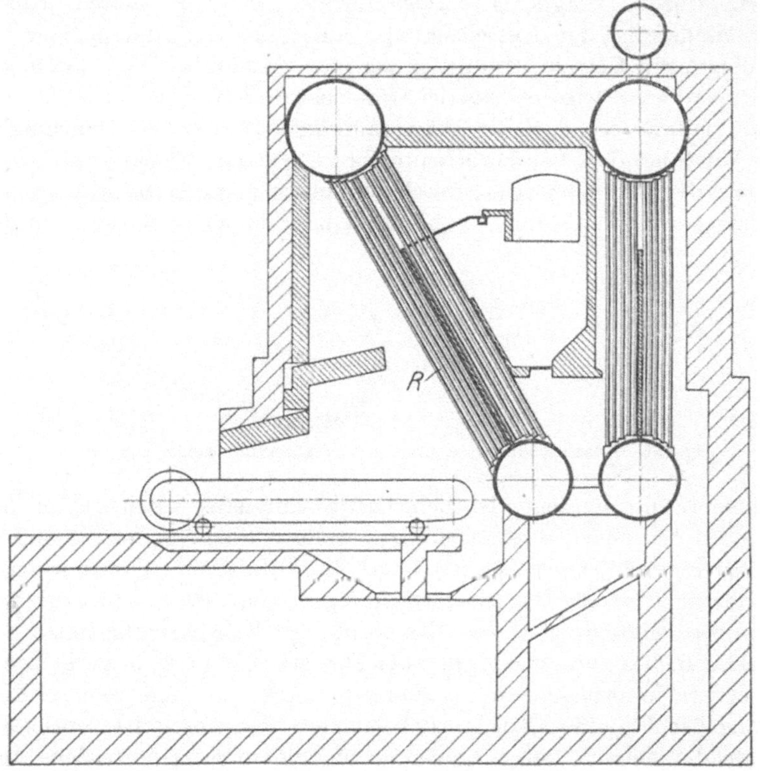

Fig. 54. Steilrohrkessel, ursprünglicher Einbau mit langem Feuergewölbe.

Oberfläche der Zylinderkörper mit einer weißlich gefärbten Hülle bedeckt ist, welche aus Gasen zusammengesetzt ist, die der Zylinderwand entstammen. Die erwähnten Abbildungen können sogar eine unmittelbare Vorstellung des Verbrennungsvorganges bei Kohlenstückchen, die in schematisch gleichmäßiger Weise als Zylinderkörper im Raume schwebend angeordnet sind, vermitteln, ja die Ähnlichkeit zwischen den Salmiaknebeln, wie sie in diesen Photographien dargestellt sind, und wirklichen Flammen ist so überraschend, daß man auf den ersten Blick die Photographien für Flammenbilder halten möchte. Tatsächlich spielt sich auch bei der Verbrennung der Kohle ein ähnlicher Prozeß ab, wie wir ihn bei den Diffusionsversuchen beobachten. Es handelt sich bei der Verbrennung wie bei der Diffusion um eine chemische Reaktion, und zwar hier zwischen dem Luftsauerstoff und den Kohlengasen, wobei noch Stickstoff als indifferenter Zwischenstoff beigemischt ist. Analog hatten wir bei den Diffusionsversuchen eine Reaktion zwischen dem der Luft als indifferenten Zwischenträger beigemengtem Ammoniakgas und

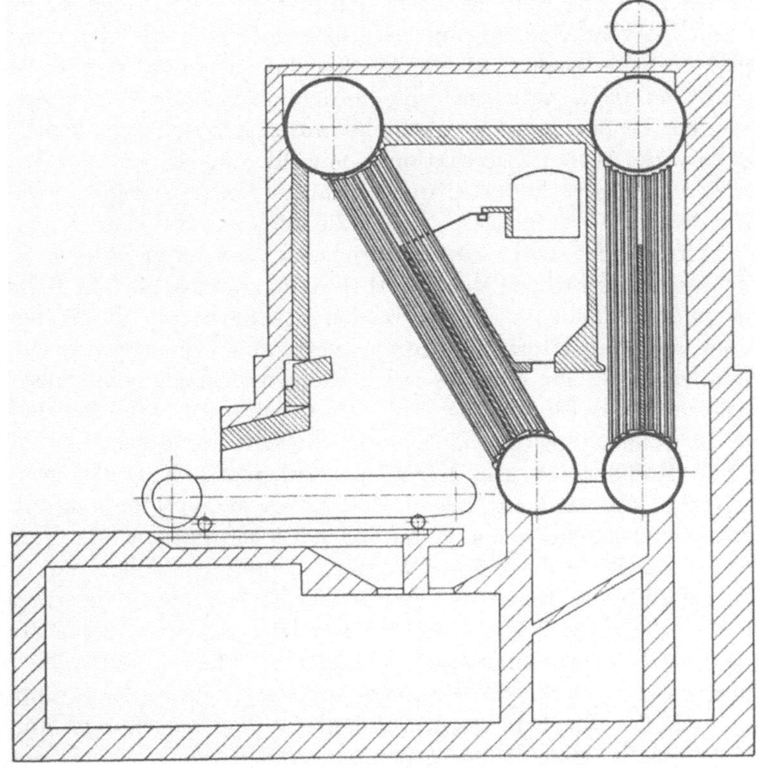

Fig. 55. Steilrohrkessel, Feuergewölbe.

den von dem Zylindermodell ausgehauchten Salzsäuredämpfen beobachtet. Die erwähnten Photographien geben daher ohne weiteres eine Vorstellung, wie sich bei der Verbrennung die Kohlengase enthaltende Grenzschicht von den Kohlenstückchen ablöst, sich um die nachfolgenden Kohlenstückchen herumschlingt und schließlich die zahlreichen Reste der Grenzschichten sich in einer mäßigen, von der Korngröße der Kohlen abhängenden Entfernung oberhalb der Schichtfläche zu einem nahezu einheitlichen Gasgemenge vermischen, in dem jetzt die chemische Reaktion vollendet sein könnte. Denn der eigentliche Verbrennungsprozeß oder die Verbindung des Luftsauerstoffes mit Kohlenoxyd, Wasserstoff oder auch den feinen suspendierten Rußteilchen geht außerordentlich schnell vor sich, wie man ohne weiteres einsieht, wenn man bedenkt, mit welcher Geschwindigkeit die Zündung und Verbrennung in Gasgemischen, wie sie bei Verbrennungsmotoren üblich sind, vor sich geht oder auch wenn man beachtet, daß beispielsweise bei Kohlenstaubexplosionen ein ähnlich schneller Fortschritt der Zündwelle zu beobachten ist. Vom Standpunkt dieses Versuchs aus ist also nicht zu verstehen, warum bei größeren Rosten die Flammen tatsächlich so viel länger sind als bei kleinen. Hier ist offenbar bisher ein Umstand nicht berücksichtigt worden, und dieser dürfte zur Erklärung der beobachteten Vorgänge heranzuziehen sein. Bei den Diffusionsversuchen waren Gasreaktionen gewählt, welche außerordentlich schnell und heftig verlaufen. Nun ist zwar die Verbrennung der Kohlengase in der Luft — vorausgesetzt, daß die glühende Kohlenschicht nicht allzu heftig gekühlt wird, — sehr stürmisch. Aber wenn nun im Feuer die Temperatur sehr hoch steigt, verlieren die hauptsächlich in Betracht kommenden Kohlengase, Kohlenoxyd und Wasserstoff, die Fähigkeit, sich mit dem Sauerstoff der Luft zu verbinden. Sie dissoziieren und verbrennen daher nur teilweise, auch wenn man ihnen sehr lange Zeit zur gegenseitigen Einwirkung läßt. Begünstigt wird die Dissoziation durch die Beimengung des indifferenten Stickstoffes, ferner durch Überschuß an Kohlengasen und Mangel an Sauerstoff. Nun läßt sich gar nicht verhindern, daß an einigen Roststellen die Verbrennungsluft zu reichlich durchströmt, wie z. B. an den seitlichen Rändern der Kettenroste und am Ende derselben. Wenn man daher im Mittel nur einen mäßigen Luftüberschuß zuläßt, wie dies die Einhaltung geringer Abgasverluste verlangt, so läßt sich nicht vermeiden, daß an anderen Stellen des Rostes die Verbrennungsluft knapper ist und daß hier die Verbrennung, die durch Sauerstoffmangel hier schon ohnehin eingeschränkt wird, durch die vermehrte Dissoziation, wie sie der Überschuß an Kohlengasen veranlaßt, noch früher gehemmt wird.

Demnach könnte man vielleicht die zögernde Verbrennung über großen Rosten folgendermaßen erklären. Die aus der Brennstoffschicht ausströmenden Feuergase haben bei gutem Brennmaterial eine so hohe Temperatur, daß vor der vollständigen Verbindung des Sauerstoffes mit den Kohlengasen die Verbrennung tatsächlich zum Stillstand kommt. Die mit glühenden körperlichen Rußteilen erfüllten Feuergase steigen daher leuchtend, und ohne daß die Verbrennung hinreichend schnell fortschritte, aufwärts. Die Flamme breitet sich nun so weit aus und nimmt so große Abmessungen an, bis ihre halbverbrannten Bestandteile durch die Ausstrahlung ihrer Wärme an die Kesselheizfläche so weit abgekühlt werden, daß die Verbrennung zum Schluß kommt. Man müßte sich also eine Beschleunigung der Verbrennung erhoffen, wenn man für eine genügende Kühlung der Flamme durch passend angeordnete Strahlungsflächen sorgt. Das führt darauf, die Temperatur im Verbrennungsraum, namentlich an den Wandungen, herabzusetzen, und dabei begegnet man den praktischen Wünschen des Betriebsingenieurs, welcher gleichfalls eine Herabsetzung der heute bei Großkesseln (Steinkohlenfeuerung) vielfach zu beobachtenden allzu hohen Werte der Wandtemperatur wünscht. Daß die angeführte Dissoziationswirkung tatsächlich nicht unbeträchtlich ist, geht z. B. aus folgenden Angaben von Nernst über den Dissoziationsgrad von Kohlensäure in Luft[1]) hervor.

Zahlentafel.

Temperatur ° Cels.	Dissoziationsgrad in %
700	0,00004
1200	0,08
1700	3,5
2200	30

Ferner wird nach Versuchen von Bunsen[2]) sowohl im Kohlenoxyd als auch im Knallgasgebläse bei einer Temperatur von 2000° etwa nur ein Drittel des ganzen Kohlenoxyds oder des ganzen Wasserstoffes verbrannt, während die übrigen zwei Drittel durch die Erhitzung auf diese Temperatur die Fähigkeit, sich zu verbinden, vollständig verloren haben sollen. Eine ebenfalls sehr unvollkommene Verbrennung ergibt sich bei dem Knallgasgebläse, wenn man dessen Gase mit 3,16 Raumteilen nicht mitverbrennenden Gases, z. B. Stickstoff, verdünnt, obwohl dadurch, wie Bunsen angibt, die Flammentemperatur von 2500 auf 1150° herabgesetzt wird. In diesem Falle wurde nämlich nur die Hälfte des Gases verbrannt, während die andere unverbrannt blieb. Bunsens Versuche sind zwar nicht in jeder Richtung einwandfrei, sie sollten jedoch auch nicht gänzlich unbeachtet bleiben.

Es handelt sich nämlich bei der Verbrennung nicht bloß darum, wie groß die Dissoziation im Dauerzustand bei einer bestimmten Feuerraumtemperatur ist, sondern vielmehr darum, festzustellen, daß nach den Versuchen von Bunsen anscheinend bei hohen Temperaturen die Schnelligkeit der Verbindung oder der Verbrennung leidet und dies schon bei 1100°, bei welcher Temperatur ja eine nennenswerte Dissoziation im Dauerzustand gar nicht auftritt.

Beobachtungen an Wasserrohrkesseln mit reiner Ölfeuerung für Schiffszwecke zeigen ebenfalls, daß wohl derartige Dissoziationserscheinungen auftreten. Zunächst ist festzustellen, daß eine einigermaßen

---

[1]) Nernst, Theoretische Chemie 1913, S. 715. Die Zahlenangaben sind aus den dort gegebenen Tabellenwerten interpoliert.

[2]) Poggendorffs Annalen 1867, S. 173.

zufriedenstellende Verbrennung bei diesen hoch beanspruchten Feuerungen nur zu erzielen ist, wenn reichlich Verbrennungsluft zugeführt wird. Obwohl nun außerdem der Verbrennungsraum recht große Abmessungen hat und obwohl ferner für eine außerordentlich feine Zerstäubung des

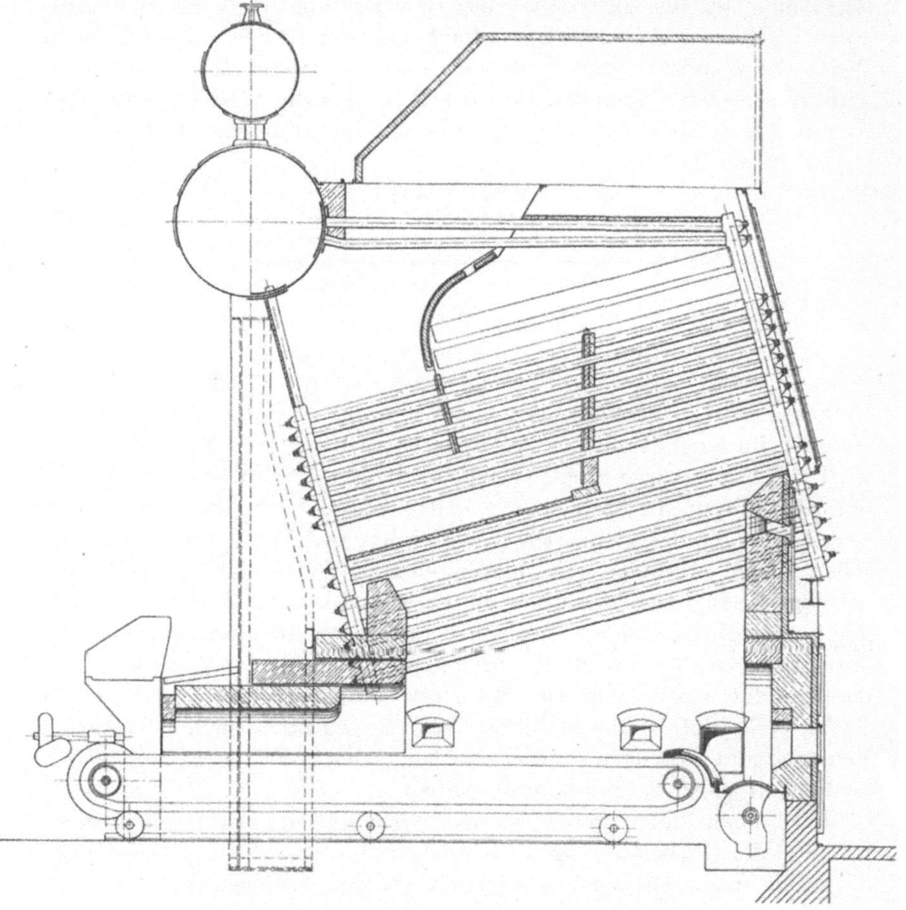

Fig. 56. Schrägrohrkessel mit Strahlungsflächen.

vorgewärmten Öles und eine gründliche Durchmischung des Ölstaubes mit der Verbrennungsluft gesorgt wird, ist hier die Verbrennung oft außerordentlich unvollkommen, so daß Nachverbrennungen am Ende des Kessels und Ausglühen der Schornsteine häufig zu beobachten ist. Beispielsweise trat dies zum ersten Male in sehr störender Weise bei dem bekannten Torpedobootszerstörer „Novik" auf. Es hat sich ergeben, daß eine erhebliche Minderung der Schwierigkeiten eintritt, wenn man nach der ersten oder zweiten Rohrreihe der Wasserrohrbündel

zwischen den Rohren einen freien Raum läßt, in welchem eine Nachverbrennung der teilweise abgekühlten Gase erfolgen kann. Es ist
übrigens nicht verwunderlich, daß gerade bei Ölfeuerung diese Erscheinungen hervortreten. Die Ölflamme ist eben bei bester Luftzu-
mischung leuchtschwach, und andererseits ist der Heizwert des Heiz-

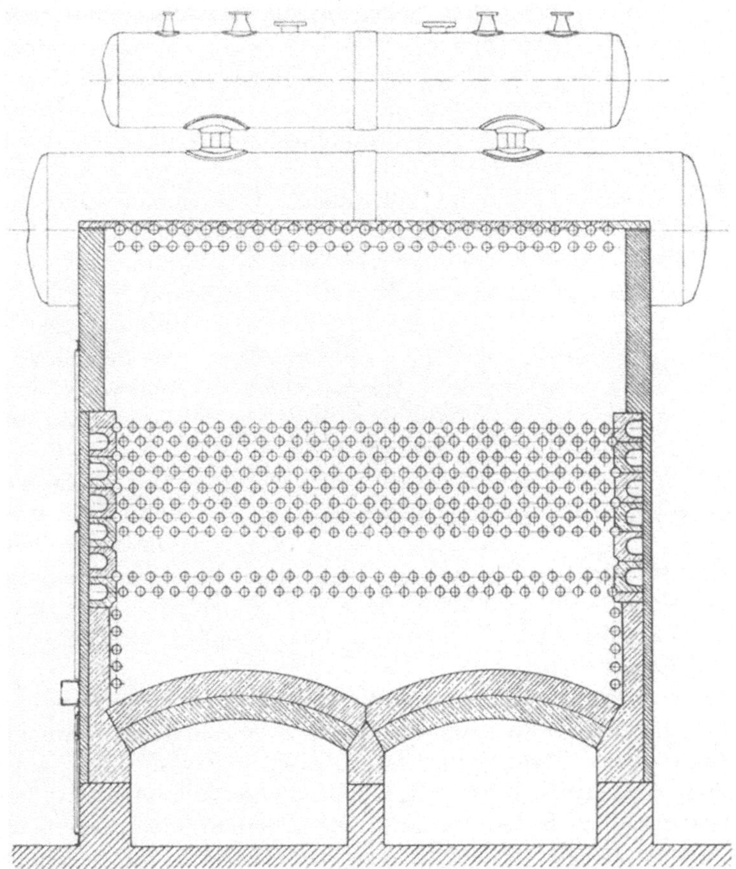

Fig. 57. Schrägrohrkessel mit Strahlungsflächen.

öles bedeutend größer als derjenige der Kohle, so daß bei vollkommener
Verbrennung sehr hohe Temperaturen erreicht würden.

4. Die Strahlungsflächen. Es muß daher nach den verschiedenen vor-
stehend wiedergegebenen Überlegungen als wünschenswert bezeichnet
werden, die Temperatur der Verbrennungsräume, besonders bei Verfeuerung hochwertiger Brennstoffe, herabzusetzen, was am besten durch Anbringung geeigneter, der Wärmestrahlung dienender Heizflächen geschieht. Man kehrt damit bis zu einem gewissen Grade zu den Eigen-

schaften der Flammrohrfeuerungen zurück. In der Tat zeigt sich, daß bei zweckmäßiger Ausbildung der Flammrohrfeuerung und nicht zu kleinen Feuerbüchsen, wie sie z. B. bei Zylinderschiffskesseln mit rückkehrenden Heizrohren vorliegen, eine sehr gute Verbrennung erzielt werden kann. Flammrohrkessel mit vorgehenden Heizrohren, wie sie bei Lokomotiven und Lokomobilen üblich sind, haben freilich des öfteren eine rußende und mangelhafte Verbrennung. Dies liegt aber nur daran, daß die Mündungen der Heizrohre bei dieser Kesselkonstruktion allzu nahe an den Rost gerückt sind und eine gewisse Flammenlänge natürlich auch bei allseitiger Einhüllung mit Strahlungsflächen unvermeidlich ist. Lokomobilkessel selbst der bekanntesten Firmen zeigen in der Tat oft eine außerordentlich schlechte und rußende Verbrennung. Rückt man aber den Rost nur um $^3/_4$ m nach vorne in einen Vorbau, so wird der Fehler vollständig beseitigt und eine tadellose Verbrennung in dem zwischen Rost und Rohrwand gelegenen Zwischenraum erzielt, was

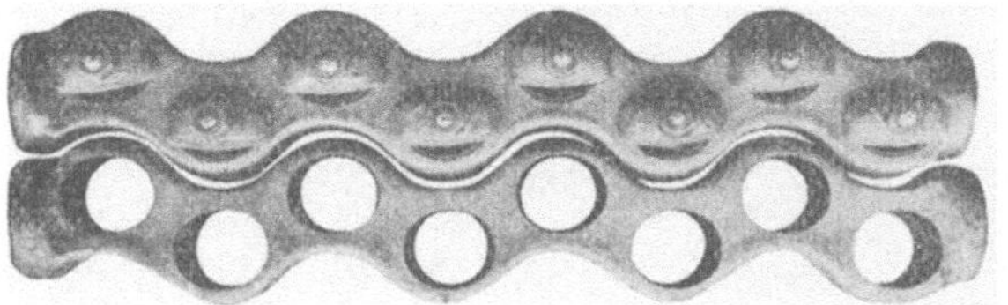

Fig. 58.   Sektional-Wasserkammer für Schrägrohrkessel.

übrigens auch sehr zur Schonung der Rohrwand beiträgt. Dieser Zwischenraum wirkt ebenso günstig wie die bei Zylinderschiffskesseln eingeschaltete Feuerbüchse zwischen Flammenrohrende und Rohrwand, in welcher trotz ihrer allseitig gekühlten Bauart eine lebhafte, und bei genügender Zufuhr von Verbrennungsluft ziemlich rauchfreie Verbrennung erzielt wird.

Selbstverständlich dürfen jedoch bei Wasserrohrlandkesseln die Feuerzündgewölbe nicht gekühlt werden. Diese müssen notwendigerweise eine hohe Temperatur haben, weil die von ihnen zurückstrahlende Wärmemenge zur Entzündung der auf dem Wanderrost hereinwandernden Kohle dient. Der Abbrand der Feuergewölbe selbst, deren Länge und Abmessung von der Art der verwendeten Kohle abhängt — sie können bei guten Kohlen kürzer ausgeführt werden —, ist jedoch nicht störend, und ein größerer Verschleiß des Mauerwerkes tritt meist an weiter rückwärts gelegenen Teilen des Mauerwerkes auf, an welche keinerlei Wärme mehr durch Ausstrahlung an die kalte Frischkohlenzone abgegeben werden kann und die daher auch für die Zündung bedeutungslos sind.

Es wird keine einfache Aufgabe für den Kesselkonstrukteur sein, diese Gesichtspunkte, welche eine Vergrößerung der Verbrennungsräume und gleichzeitig eine Vergrößerung der direkt bestrahlten Heizfläche fordern, in die Praxis umzusetzen. Um zu zeigen, daß es immerhin

Wege gibt, welche die Erreichung dieses Zieles aussichtsreich erscheinen lassen, wurden zwei Vorschläge solcher Kesselbauarten (Fig. 56 bis 59) entworfen. Der Schrägrohrkessel nach Fig. 56 unterscheidet sich von der üblichen Bauart dadurch, daß der Verbrennungsraum viel höher ausgeführt ist und daß der ganze Kesselkörper heraufgerückt wurde. Andererseits sind je zwei Rohrreihen beiderseits möglichst weit hinuntergezogen, so daß die Strahlungsfläche, an welche die Flamme ihre Wärme ausstrahlen kann, erheblich vergrößert ist. Eine konstruktive Lösung dieses Vorschlages ist ohne weiteres möglich, wenn man für die seitlichen Rohrelemente besonders schmale und hohe Wasserkammern einführt, oder aber die schon vielfach gebräuchliche sektionale Ausbildung der Wasserkammern vorsieht, wie sie aus der Fig. 58 zu ersehen ist. Diese Ausführung hat ohnehin den großen Vorteil, den einzelnen Rohren eine freiere Wärmeausdehnung zu gestatten, was für einen hoch beanspruchten Kessel natürlich außerordentlich erwünscht ist. In welcher Weise zweckmäßig und unter Berücksichtigung der früher aufgestellten Grundsätze die Führung der Heizgase in dem Schrägrohrbündel vorzusehen wäre, möchte ich nicht im einzelnen erörtern, weil es sehr viele Lösungen gibt, die Verbesserungen versprechen, und weil nur die Praxis Endgültiges entscheiden kann. Daher ist bei dem Schrägrohrkessel, Fig. 56, bezüglich der Zugführung das Meistgebräuchliche beibehalten. Man wird sich jedoch bemühen, die Heizgasgeschwindigkeiten in den rückwärtigen Rohrreihen durch Verengung der gesamten Strömungsquerschnitte zu steigern, ohne sie in den ersten Zügen zu erhöhen. Durch einfache Veränderungen an den Trennwänden läßt sich solches ja auch unschwer erreichen.

In Fig. 59 ist ein Steilrohrkessel dargestellt. Er unterscheidet sich von der üblichen Bauart durch Hinzufügung eines dritten kleinen Unterkessels, der gegen die schädliche Einwirkung allzu unmittelbarer Befeuerung durch ein kurzes Stück des Feuergewölbes geschützt wird und im übrigen dem Einbau einer fast senkrechten aus zwei Reihen bestehenden Rohrwand dient, welche hauptsächlich Wärme durch Strahlung und nur wenig Wärme durch Berührung aufnimmt, weil sie nicht unmittelbar in dem Heizgasstrom liegt. An den seitlichen Begrenzungswänden des Feuerraumes kann die Zahl der Rohrreihen, wie in der Zeichnung angedeutet, auf vier vergrößert werden, wodurch sich noch ein teilweiser Schutz der Mauerfläche erzielen läßt. Wenn auch bei diesem Vorschlag noch große unbedeckte Mauerflächen vorliegen, so ist doch schon durch die Vermehrung der Ausstrahlflächen auf fast das Doppelte sehr viel geholfen und ganz gewiß der Verschleiß des Mauerwerks erheblich gemildert. Es wäre auch nicht schwierig, durch ein Bündel gekrümmter Rohre noch größere Mauerwerksflächen zu bedecken, aber ich möchte dies gar nicht einmal als nötig erachten.

5. Feuerungen für minderwertige Brennstoffe. Für die Verfeuerung minderwertiger Brennstoffe, wie Rohbraunkohle, Torf und anderer Brennstoffe verwendet man neuerdings ausschließlich Treppenroste, und zwar meist in der Form nach Fig. 60, welche man mit den Namen Halbgasfeuerung zu bezeichnen pflegt. Derartige Feuerungen bestehen aus zwei übereinander gesetzten, verschieden steil geneigten Treppen-

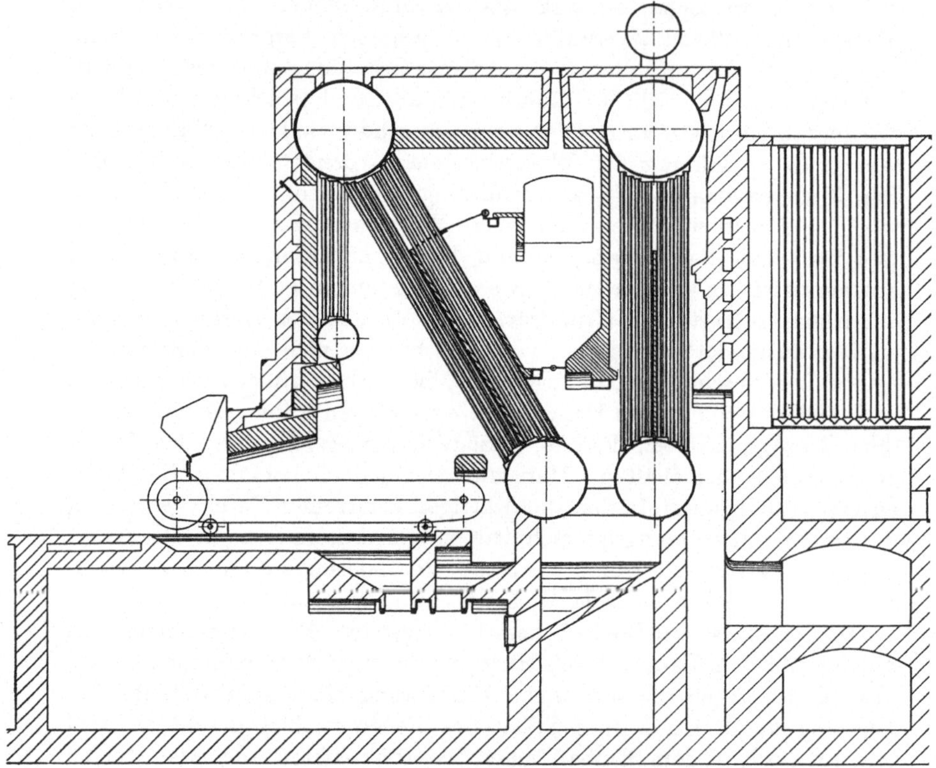

Fig. 59. Steilrohrkessel mit Strahlungsflächen.

rosten. Auf dem oberen Treppenrost, auf welchem der Brennstoff unter einem einstellbaren Wehr hindurch hinabgleitet, wird er allmählich erwärmt und entgast. Am unteren Ende dieses oberen Rostes wird ein zweites einstellbares Wehr S angebracht. Es besteht zum größten Teil aus feuerfesten Steinen mit eingelegter eiserner Tragkonstruktion. In der feuerfesten Wand dieses Wehres sind Öffnungen ausgespart, durch welche die Schwelgase von dem oberen steilen Schwelrost in den Hauptverbrennungsraum hindurch treten können. Unterhalb des zweiten Wehrs ist ein zweiter, weniger steil geneigter Verbrennungsrost, der häufig mit besonderer Schürvorrichtung versehen wird, angeordnet.

Zu unterst ist noch ein Schlackenplanrost vorgesehen, auf welchem der Brennstoff vollständig ausbrennen soll. Dieser Schlackenrost muß mit reichlich bemessenen Schlackenschiebern versehen sein oder selbst kippbar eingerichtet werden. Über dem Verbrennungsrost ist häufig noch, wie aus Fig. 60 zu ersehen, eine zweite, gleichfalls mit Öffnungen ver-

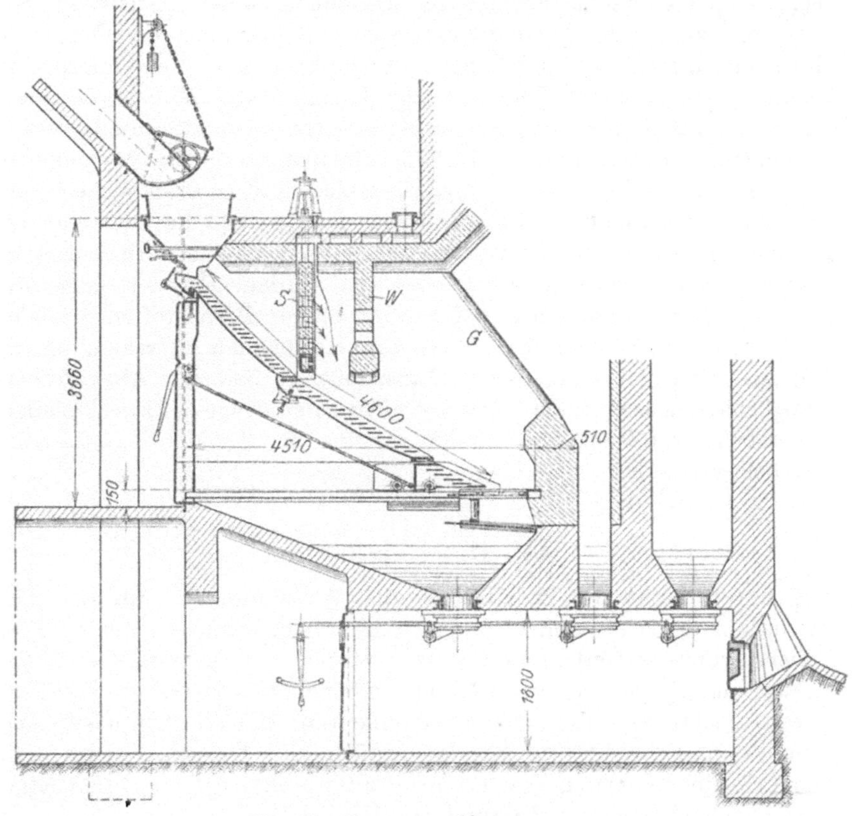

Fig. 60. Treppenrostfeuerung.

sehene Mauerzunge *W* angeordnet, welche die Verbrennung begünstigen soll.

Wichtig für den Betrieb derartiger Treppenroste sind zunächst einmal hinreichende Abmessungen für die gesamten Rostflächen. Denn minderwertige Brennstoffe sind einerseits oft sehr feinkörnig und anderseits entwickeln sie in der Regel sehr große Mengen von Flugasche, so daß bei Anwendung zu starken Luftzuges zu viel an festen Bestandteilen — verbrennlichen oder unverbrennlichen — von dem Rost hinweggerissen würde. Aus den gleichen Gründen ist es ferner notwendig, den freien Raum, welcher über der Rostfläche liegt und sich bis zum

Eintritt in das erste Rohrbündel des Kessels erstrecken soll, groß zu wählen. Hier soll einerseits geringe Heizgasgeschwindigkeit herrschen, damit nicht allzuviel aus dem Feuer mitgerissen wird, anderseits soll der Verbrennungsraum auch recht hoch sein, damit die bei der meist starken Gasentwicklung, wie sie minderwertigen Brennstoffen anhaftet, sehr langen Flammen zur Genüge ausbrennen können. Steilrohrkessel, bei welchen sich der Verbrennungsraum in ungezwungener Weise recht hoch ausführen läßt, sind daher besonders zu dieser Feuerungsart geeignet. Besondere Maßnahmen zur Kühlung der Mauerwerkflächen sind bei Braunkohlenkesseln oder Kesseln für verwandte minderwertige Brennstoffe überflüssig, weil diese Brennstoffe große Mengen von Wasserdampf oder anderen unverbrennlichen Gasen entwickeln oder außerordentlich hohen Aschegehalt aufweisen, so daß die Verbrennungstemperatur einerseits niedrig ausfällt und anderseits verhältnismäßig große Mengen von Heizgasen entwickelt werden. Aus letztgenannten Gründen ist es wohl nötig, bei minderwertigen Brennstoffen besonders auf eine zweckmäßige Anordnung der Heizflächen zu sehen, um die Heizgase möglichst weitgehend auszunützen und die Abgasverluste möglichst einzuschränken. Mit der wichtigsten Frage der zweckmäßigen Gestaltung der Heizfläche werden wir uns im folgenden Kapitel näher zu befassen haben.

IV. Die Heizflächen.

1. Gestaltung der Heizflächen und Wasserumlauf. Für die Konstruktion der Heizflächen sind sowohl wärmetechnische als auch betriebstechnische Gesichtspunkte maßgebend. Schwierig ist die oft aufgeworfene Frage, ob die Steilrohr- oder Schrägrohrbauart für hochbeanspruchte Kessel geeigneter sei, ohne weiteres zu beantworten. Auch die oft ins Feld geführte Meinung, daß hierfür Steilrohre besser seien, weil sie einen besseren Wasserumlauf aufweisen, ist nicht ohne weiteres entscheidend. Denn auf Grund praktischer Beobachtungen kann man die Belastungsfähigkeit der Heizflächen bei beiden Bauarten als beinahe gleichwertig ansehen. Defekte treten eigentlich nur in der oben, auf S. 90 schon erwähnten und in Fig. 52 dargestellten Form der Ausbeulung der Wasserrohre auf, welche ja durch Ablagerung starker Kesselsteinmassen im Innern der Rohre bedingt ist. Es zeigt sich auch, daß diese Ablagerungen immer an der Feuerseite der Rohre zu beobachten sind, während die Rückseite meist leer ist, und dies ganz gleichgültig, ob es sich nun um Steil- oder Schrägrohre handelt. Die Ablagerungen scheinen auch nicht in merkbarer Weise von der Schnelligkeit des Wasserumlaufs abzuhängen. Denn in den vordersten Rohrreihen sind sie trotz des hier vorliegenden, besonders starken Umlaufes am allerstärksten. Allerdings ist hier ja auch die Verdampfung am heftigsten. Wenn sich erst einmal ein Niederschlag gebildet hat, so dürfte feststehen, daß ein mehr oder weniger starker Umlauf für die Abkühlung der gefährdeten Stellen belanglos ist, weil zweifellos die größte Wärmestauung durch die Kesselsteinschicht selbst veranlaßt wird.

Daß der Wasserumlauf gar nicht eine so überragende Bedeutung hat, wie im häufig zugesprochen wird, geht daraus hervor, daß beispielsweise bei Garbe-Kesseln (Fig. 38) der Wasserumlauf nicht auf das größtmöglichste Maß gebracht wird, welches man durch Anbringung besonderer Rücklaufrohre zwischen Ober- und Unterkessel erreichen könnte. Bei dem Garbekessel steigt das dampferfüllte Wasser im Vorderkessel auf, läuft durch die oberen Verbindungsrohre in den hinteren Verbindungskessel hinein und muß daselbst hinuntersteigen. Zweifellos wird durch die Dampfbildung im hinteren Rohrbündel der Wasserumlauf geschwächt. Praktische Versuche haben jedoch gezeigt, daß ein Umlaufrohr, welches eine Steigerung des Wasserumlaufes bewirken würde, weder notwendig noch vorteilhaft ist. Für Stirling-Kessel (Fig. 39) gilt im übrigen dasselbe.

Bei engrohrigen Wasserrohrkesseln für Schiffszwecke sind allerdings Rücklaufrohre allgemein üblich. Aber einerseits ist hier die Anstrengung, namentlich bei Ölfeuerung, eine größere, und andrerseits wird, je enger das Rohr ausgeführt ist, um so mehr Wasser von den Dampfblasen mitgenommen. Möglicherweise ist das Rücklaufrohr auch hier gar nicht mehr nötig, und es stellt nur ein Überbleibsel dar von der früheren Form dieser Kessel, bei der man die Mündung der Wasserrohre mit Absicht über das Niveau des Wasserstandes im Oberkessel hinauf verlegt hatte, indem man die Rohre durch überstehende Stummel im Oberkessel verlängerte. Es ist selbstverständlich, daß bei dieser Lage der oberen Wasserrohrausmündung über den Wasserspiegel das Rücklaufrohr unentbehrlich ist. Aber es ist nicht als sichergestellt zu betrachten, daß dies auch jetzt noch der Fall ist, nachdem man allgemein die Rohrstummel wegläßt und die Rohre so tief als möglich unter dem Wasserspiegel ausmünden läßt.

Die Steilrohrkessel gliedern sich, wie ferner zu bemerken ist, in zwei Bauarten, in solche mit geraden Rohren und solche mit gekrümmten, deren typische Vertreter der Garbe-Kessel und der Stirling-Kessel sind (vgl. Fig. 38 und 39). Bei den geradrohrigen Steilrohrkesseln kommt es vor, daß einzelne Rohrreihen, wahrscheinlich, wenn sie nach starker innerer Verschmutzung eine beträchtliche höhere Temperatur als das in ihnen umlaufende Wasser annehmen, ausknicken und ersetzt werden müssen. Manchmal, und zwar insbesondere bei ganz engrohrigen und ungenügend gekrümmten Steilrohrbündeln kommt es auch vor, daß die Rohre Querrisse aufweisen, welche wohl aus Überbeanspruchung des Materials infolge axialer Temperaturspannung zu erklären sind. Diese und andere Erscheinungen deuten wohl darauf hin, daß bei Kesseln mit nicht genügend gekrümmten Rohren auch in den Längsnähten der Kesseltrommeln erhebliche Temperaturspannungen auftreten; jedenfalls ist es als eine prinzipielle Schwierigkeit zu betrachten, daß man sich bei derartigen Kesseln keinerlei Rechenschaft über solche und ähnliche innere Spannungszustände geben kann. Bei Rohrbündeln mit reichlich gekrümmten Rohren treten diese Fehler natürlich nicht auf, und derartige Kessel eignen sich daher insbesondere für die außerordentlich intensive Beanspruchung der Ölfeuerung. Dafür haben die Wasserrohrkessel mit gekrümmten Rohren den Nachteil, daß die innere Reinigung der Rohre entschieden schwieriger ist. Vor allem ist es bei diesen unmöglich, durch Augenschein festzustellen, ob in den mittels eines Rohrreinigungsapparates durchgeschleuderten Rohren noch Kesselstein zurückgeblieben ist oder nicht. Man kann das Vorhandensein des Kesselsteins hier nur durch das Hindurchfallenlassen von Kugeln feststellen, welche hier allgemein, sozusagen als Kalibermeßwerkzeug benutzt werden.

Verwendet man geradrohrige Wasserrohrbündel mit sehr starken Rohren, etwa mit den 100 mm im Durchmesser zählenden Wasserrohren der Schrägrohrkessel, so tritt natürlich niemals Ausknicken ein. Dafür beginnt das Rohr an seiner Einwalzstelle in der Wasserkammer zu lecken, wenn nicht für genügende Beweglichkeit der Wasserkammer gesorgt wird. Bei der Befestigung der Wasserkammern in den Kesselgerüsten ist daher auf genügende Ausdehnungsmöglichkeit zu sehen.

Schwierigkeiten hat man ferner des öfteren mit den Stoßstellen zwischen Kesseltrommeln (Ober- und Unterkessel) und den diese verbindenden großen Rohrstutzen, welche der Dampfsammlung oder dem Wasserumlauf dienen. Eine nähere Berechnung der Beanspruchung der Kesselwandungen in der Nähe derartiger Ausschnitte führt zu dem überraschenden Ergebnis, daß hier meist völlig ungenügende Verstärkungen angewendet werden. Schneidet man beispielsweise aus einem allseitig gespannten Blech ein kreisrundes Loch aus und versucht nun durch Anbringung eines Wulstes am Lochrande die Spannung in dem Blech wieder auf den ursprünglichen, vor dem Ausschnitt des Loches vorhandenen Wert herabzudrücken, so genügt es nicht, einfach das durch Ausschneiden des Bleches gewonnene Material in Form eines Ringes oder Wulstes auf den Lochrand zu verteilen, sondern man muß die doppelte Materialmenge hierzu anwenden, wenn anders die Spannung die ursprüngliche Höhe nicht überschreiten soll. Die elastischen Eigenschaften des Materials bedingen es eben, daß bei solchen Ausschnitten, wie sie beispielsweise für Mannlöcher nötig sind, oder bei Durchdringungskurven, wie sie sich beim Ansetzen von Rohrstutzen ergeben, sehr starke Zusatzspannungen auftreten, deren Behebung sehr kräftige Verstärkungen erfordert. Erhöhte Spannungen an den Durchdringungsstellen sind auch deswegen mißlich, weil diese Stellen auch bei Kesseln mit gekrümmten Rohren außerdem noch gewissen Temperaturspannungen ausgesetzt sind. Man sollte daher auf Grund der vorliegenden Erfahrungen eine besonders starke Ausführung der Kessel in der Nähe von Ausschnitten oder Durchdringungsstellen verlangen.

2. Dampfentnahme und Dampfüberhitzung. Die Dampfentnahme aus den Wasserrohrkesseln macht im allgemeinen keine wesentlichen Schwierigkeiten mehr, seit Überhitzer eingeführt wurden, in denen das bei starker Inanspruchnahme mitgerissene Wasser nachverdampft wird. Es gibt im übrigen verschiedenartige Konstruktionen von Beruhigungsflächen, welche, im Kesselinnern über Wasser eingebaut, das mitgerissene Wasser abscheiden sollen; demselben Zwecke dienen vielfach besondere Dampfsammler. Die Verwendung reichlich großer Oberkessel oder getrennter Dampfsammler ist natürlich zu empfehlen; im

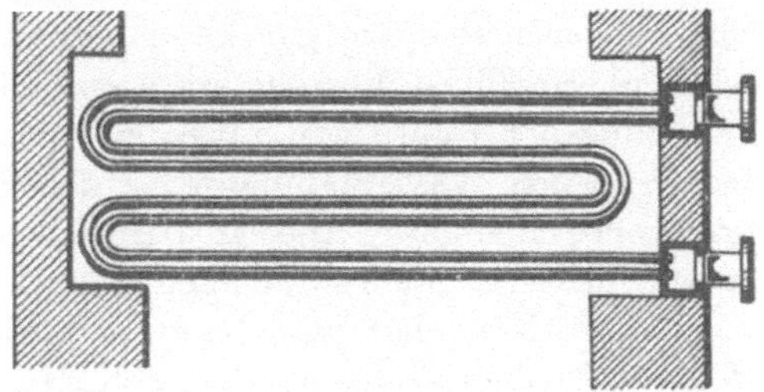

Fig. 61. Normale Überhitzerschlange.

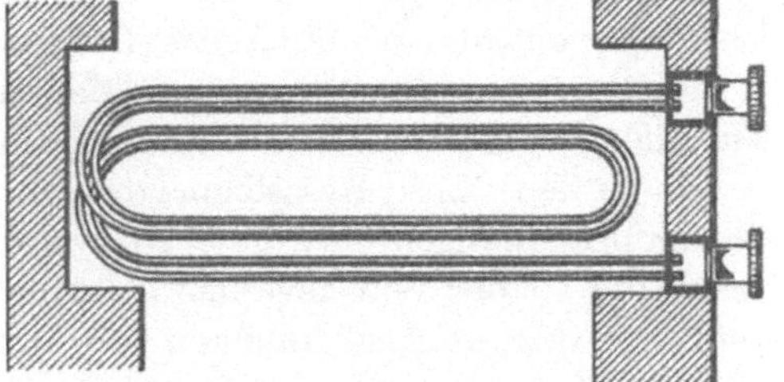

Fig. 62. Überhitzerschlange mit erweiterten Bogenstücken.

übrigen scheint in dieser Richtung keine Konstruktion erhebliche Vorzüge aufzuweisen.

Wichtig ist nur, daß die Überhitzerrohrschlangen so eingerichtet werden, daß man sie innerlich mit dem Rohrreinigungsapparat reinigen kann. Die mitgerissenen Wassermengen lassen im Laufe der Jahre bei ihrer Nachverdampfung in den Überhitzerrohren starke Kesselsteinkrusten zurück. Diese hemmen den Wärmeübergang von der Rohrwand an den Dampf, und die Folge ist, daß die Überhitzerrohre ausglühen, sich aufbauchen und abblasen. Die meist gebräuchlichen Überhitzerschlangen sind gemäß Fig. 61 konstruiert. Wenn man sie anstatt dessen gemäß Fig. 62 mit größerem Bogenradius ausführt, kann man dieselben von Zeit zu Zeit reinigen und ist nicht genötigt, nach Jahren ganze, verschmutzte Überhitzerbündel wegen der Unmöglichkeit der Reinigung auswechseln zu müssen.

V. Die Reinigung des Kessels.

Sehr wichtig für den Betrieb ist die Frage nach der Art und Weise, wie die Heizflächen einer Reinigung zugänglich sind. Dabei handelt es sich eigentlich nicht einmal so sehr um die innere Reinigung der Rohre, die sich mit Hilfe verschiedener, allgemein eingeführter Bauarten von Rohrreinigern ausführen läßt. Einen Mangel empfindet der Betrieb hier nur darin, daß diese Apparate viel zu wenig dauerhaft sind und zahllose Reparaturen erfordern. Auch der Schrägrohrkessel (vgl. beispielsweise Fig. 37) kann bezüglich der inneren Rohrreinigung keine übermäßigen Vorteile in Anspruch nehmen. Natürlich ist die Reinigung der Rohre von außen, wie sie nach Abnahme der Verschlußdeckel an den Wasserkammern bei den Schrägrohrkesseln möglich ist, eine Annehmlichkeit. Aber in den ohnehin reichlich bemessenen Oberkesseln größerer Steilrohranlagen läßt sich auch nicht allzu unbequem arbeiten. Dafür hat man hier nicht die Mühe des Abnehmens und dichten Wiederaufsetzens der nach Hunderten zählenden Verschlußdeckel bei der Schrägrohranordnung.

Schwieriger auszuführen ist eine genügende Reinigung der Wasserrohre von außen. Während des Betriebes setzen sich große Mengen von Flugasche an den Rohren an. Bei dauernd beanspruchten Kesseln muß diese Asche täglich mit einem Dampf- oder Preßluftstrahl abgeblasen werden. Gute Kesselbauarten sehen zu diesem Zweck reichliche Reinigungsöffnungen vor, die eben, wie die Erfahrung zeigt, viel wichtiger sind als der Wärmeverlust, den die Unterbrechungen des Mauerworkes in den Abblaseöffnungen bedingen.

Allerdings ist die Verschmutzung der Heizflächen durch Flugasche nicht so bedeutungsvoll, wie es auf den ersten Blick scheinen möchte. Denn die Flugasche setzt sich in erster Linie in den wirbelerfüllten Toträumen der Wasserrohre ab. Wenn auch diese schließlich gänzlich ausgefüllt werden, wie die Skizze Fig. 63 zeigt, wird doch der Wärmeübergang, wie die Beobachtung zeigt, keineswegs im gleichen Maße vermindert, als man aus dem Verhältnis der bedeckten und damit ausgeschalteten Anteile der Heizflächen zur gesamten Heizfläche berechnen könnte. Dies ist auch erklärlich, nachdem in den einleitenden Erörterungen festgestellt war, daß der Wärmeübergang an den Totraumflächen verhältnismäßig klein ist.

Erfahrungsgemäß setzt sich die Flugasche in den größten Mengen ab an der Stelle, an welcher die Geschwindigkeit der aus dem Heizraum zuströmenden Heizgase zum erstenmal verringert wird oder die Heizgase eine Umlenkung erfahren. Bei manchen Steilrohrkesseln ist dies im Überhitzer der Fall, besonders wenn sich dort der Gasstrom teilt in einem Zweig, der durch den Überhitzer strömt, und einen Zweig, welcher im Kessel verbleibt. Ein derartiger Überhitzer wird geradezu zum Staubabscheider; er ist oft nach kurzem Betrieb vollständig durch Flugasche verstopft und hoch von dieser überdeckt an allen Teilen, welche nicht öfters abgeblasen werden. Man wird sich diesen hier natürlich unerwünschten Effekt als Fingerzeig dienen lassen und nach Möglichkeit nach den ersten Zügen die Heizgase an einer passenden Stelle

auf eine geringere Geschwindigkeit bringen und zur Abscheidung des Flugaschenstaubes veranlassen, wozu auch vielleicht eine Umlenkung oder der Einbau geeigneter Körper zweckmäßig ist. Als unerwünschter Flugaschensammler wirkt auch sehr oft der Speisewasservorwärmer, an welchem sehr geringe Geschwindigkeiten gebräuchlich sind. Schon aus diesem Grunde muß man es für zweckmäßig halten, hier die Heizgasgeschwindigkeiten zu erhöhen, ein Wunsch, auf den wir noch zurückkommen werden.

Sehr bemerkenswert sind ferner die sog. Schwalbennester, d. h. klumpenförmige Ansetzungen von rein weißer

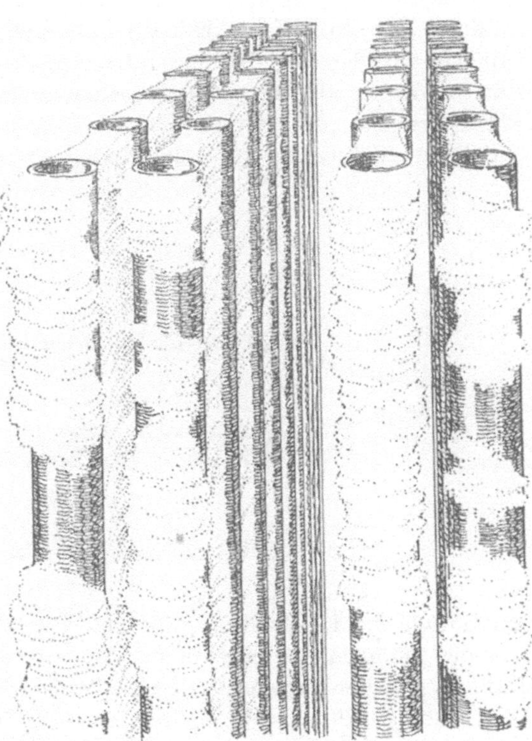

Fig. 63. Flugasche in einem Steilrohrkessel.

Farbe an den ersten Rohrreihen unmittelbar am Feuerraum (vgl. Fig. 63), an der Stirnfläche der ersten Rohrreihe. Auch diese müssen täglich abgeblasen werden. Die nähere Betrachtung dieser Gebilde zeigt eine feine kristallinische Struktur und läßt vermuten, daß dies keine eigentliche Flugasche ist, was man ja auch nach dem Umstande annehmen möchte, daß diese Gebilde sich ganz gegen die Gewohnheit der Flugasche nicht etwa in dem der Strömung abgekehrten Totraum hinter den Wasserrohren, sondern im Gegenteil an der Stirnfläche ansetzen, wo die größte und gleichmäßig beschleunigte Gasströmung herrscht. Vielleicht handelt es sich hier um den Niederschlag leicht flüchtiger

Mineralien, welche in der hohen Temperatur des Feuers verdampfen und sich hier unter dem Einfluß der Kühlung ausstrahlenden Rohrwand als feste Körper niederschlagen. Das ganze Aussehen dieser oft in wenigen Stunden anwachsenden, rein weißen Kristallgebilde gleicht dabei der bekannten Erscheinung des Raureifes, welcher ja bekanntermaßen entsteht, wenn wasserhaltige Luft an abgekühlte feste Körper, wie Telegraphenstangen oder Leitungsdrähte, heranströmt. Unter dem Einflusse der von diesen Körpern ausstrahlenden Kälte scheidet sich nämlich auf der der Strömung zugekehrten Seite dieser Körper erstarrtes Wasser als fein kristallinischer, schnell an Stärke zunehmender Eisniederschlag ab. Bei den an der Vorderseite der Wasserrohre sich bildenden „Schwalbennestern" handelt es sich offenbar physikalisch

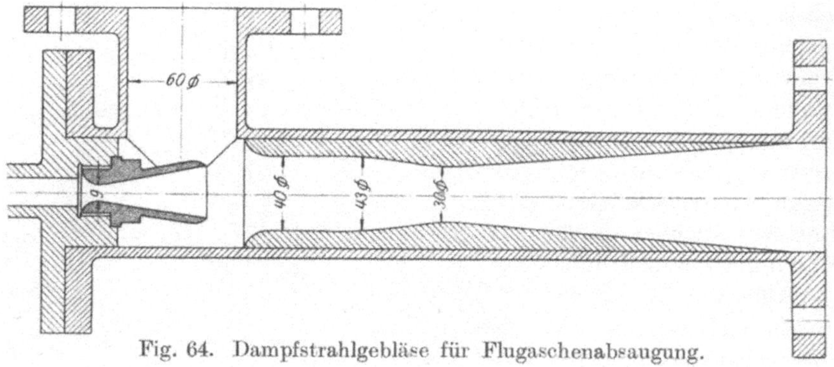

Fig. 64. Dampfstrahlgebläse für Flugaschenabsaugung.

um die gleiche Erscheinung, nur mit dem Unterschiede, daß sich hier aus der strömenden Luft nicht Wasserdampf, sondern mineralische Bestandteile der verfeuerten Kohle, welche bei der hohen Feuerraumtemperatur flüchtig werden, an den verhältnismäßig kühlen Wasserrohren, und zwar genau wie der Rauhreif, an deren Vorderseite, niederschlagen.

Das Abblasen der äußeren Heizflächen während des Betriebes genügt jedoch keinesfalls. Bei den regelmäßigen inneren Reinigungen des Kessels, die etwa nach 1000 bis 1500 Stunden üblich sind, muß zunächst die auch mit dem täglichen Abblasen nicht gänzlich zu vertreibende Flugasche entfernt werden. Im Interesse schnellerer Arbeit und aus hygienischen Rücksichten sollte man sich hier unbedingt der Sauganlagen bedienen, wie sie von verschiedenen Firmen ausgeführt werden. Derartige Anlagen arbeiten durchaus einwandfrei; man muß nur darauf achten, daß der Aschenbehälter nicht vollständig gefüllt wird, weil sich sonst die vor der Pumpe liegenden Filter und die gesamte Rohrleitung verstopfen, was sehr langwierige Betriebsstörungen veranlaßt.

Ein einfaches und gar nicht schlechtes Ersatzmittel für diese etwas komplizierten und teuren Anlagen bietet ein einfaches Dampfstrahlgebläse, wie es in Fig. 64 dargestellt ist. Der Dampf saugt hier die Luft und die Flugasche durch einen beweglichen, mit einem Saugrüssel ausgestatteten Metallschlauch an und drückt sie unmittelbar durch eine Rohrleitung ins Freie oder in einen Transportwagen. Die Dampfstrahlpumpe hat hier trotz ihres etwas größeren Energieverbrauchs den großen Vorteil, daß sie völlig ungefährdet auch die Flugasche und die nebenher angesaugte Luft befördern kann. Eine Abscheidung der Flugasche in einen Zwischenbehälter ist daher nicht notwendig. Allerdings läßt sich die Größe des Dampfstrahlapparates ver-

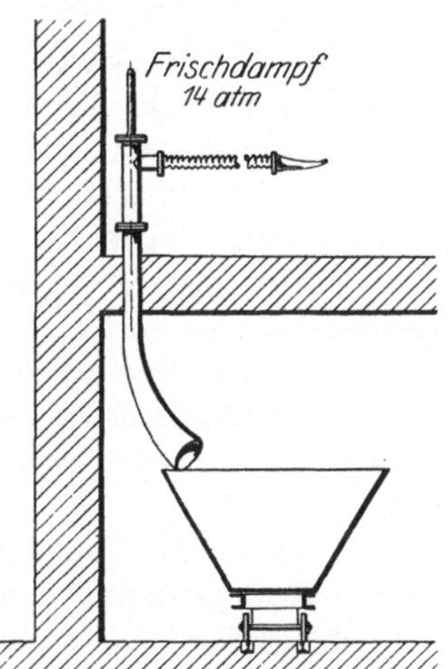

ringern und an Dampf sparen, wenn man den Abscheidebehälter vorsieht; aber die von dem Abscheider ausgehende Saug-leitung zum Dampfstrahlgebläse läßt sich so einrichten, daß bei Überfüllung des Ab-scheiders das Dampfstrahlgebläse wieder ein Gemenge von Luft und Asche aus dem Behälter ansaugt und ins Freie drückt, womit eine gefährliche Überfüllung des Be-hälters und die entsprechenden Betriebs-störungen unmöglich gemacht werden.

Außer der periodischen gründlichen Reinigung von der Flugasche muß man aber noch gelegentlich die Wasserrohre mit scharfen Instrumenten abkratzen. Denn es setzt sich mit der Zeit ein verhältnismäßig festhaftender Oberflächenbelag an, der durch

Fig. 65. Einfache Aschen-absauganlage.

Blasen oder Saugen nicht zu entfernen ist. Ihm kann man nur durch kratzende oder klopfende Instrumente beikommen oder auch durch kräftige Bürstapparate. Diese gelegentliche Entfernung ist aber un-bedingt nötig, weil dieser die Wasserrohre äußerlich einhüllende Belag sonst im Laufe der Jahre zu unerträglicher Stärke anschwillt.

Man muß daher verlangen, daß erstens alle Heizflächen möglichst während des Betriebes abgeblasen werden können, und daß zweitens diese Heizflächen bei der Reinigung mit geeigneten Instrumenten ab-zukratzen oder abzuklopfen sind. In dieser Richtung hat der Konstruk-teur leistungsfähiger Großkessel noch viele dankbare Aufgaben zu lösen, und bei dem Aufbau der Kesselkonstruktion kann tatsächlich auf die Frage einer gründlichen und nicht zu kostspieligen Reinigung nicht genügend Rücksicht genommen werden. Es sollte beim Kauf eines Kessels stets beachtet werden, von welcher Seite, von oben oder unten, von rechts oder links die einzelnen Teile gereinigt werden können. Man muß sich eben mehr und mehr mit dem Gedanken vertraut machen, daß Heizflächen, die nicht abgeblasen werden können, oder die nicht mit Reinigungswerkzeugen erreichbar sind, für den Betrieb bald nutzlos werden. Für die Beurteilung der praktischen Brauchbarkeit eines Kessels sollte man daher nicht Proben mit neuen Kesseln vorschreiben, sondern Verdampfungsversuche nach längerer Betriebszeit und nach einer angemessenen langen, seit der letzten Reinigung geleisteten Betriebsstundenzahl.

VI. Die Speisewasservorwärmer.

1. Die Leistungssteigerung bei Speisewasservorwärmern. In allen neuzeitlichen Kesselanlagen sind große Speisewasservorwärmer gebräuchlich. Sie dienen dazu, die Abgase des Kessels auf eine Temperatur von etwa 180 bis 150° abzukühlen, eine Temperatur, die bei den üblichen Dampfspannungen sogar noch unterhalb der Naßdampftemperatur liegt. Es ist ohne weiteres einleuchtend, daß die Wärmeaufnahme der Heizflächen des Vorwärmers eine ungleich bessere ist als die der letzten Rohrreihen des eigentlichen Dampfkessels, weil der Vorwärmer mit kühlem Speisewasser gespeist wird und die mittlere Temperatur des Wassers im Vorwärmer daher erheblich unter der Naßdampftemperatur liegt.

Nur machen die Vorwärmer in mehrfacher Hinsicht nicht unbeträchtliche Schwierigkeiten. Einerseits zeigen sich sehr häufig lästige Stoß- und Schlagerscheinungen, welche ganze Elemente derartiger Vorwärmer zum Bersten bringen können. Sie treten bei den üblichen Bauarten immer auf, wenn das Speisewasser in den Vorwärmern ins Kochen gerät und auch nur zu kleinen Teilen verdampft. Ferner zeigen sich im Speisewasservorwärmer die schlimmsten Korrosionserscheinungen und auch sind hier erfahrungsgemäß die stärksten Flugaschenablagerungen zu beobachten. Die Verschmutzung der meist senkrecht stehenden wassergefüllten Rohre der Speisewasservorwärmer ist so groß, daß man hier häufig Kratzvorrichtungen einbaut, welche gestatten, während des Betriebes die Flugasche hinunterzufegen. Freilich ist die Wirkung der Kratzvorrichtungen eine mangelhafte, weil sie die Bildung einer harten und festsitzenden Kruste auf den Rohren nicht verhindern. Außerdem beansprucht die Kratzvorrichtung viel an Instandsetzungskosten. Es ist daher zweifellos wichtig, den Flugaschenanfall in dem Speisewasservorwärmer zu verringern, und dies gelingt sehr leicht, wenn man die Geschwindigkeit der Heizgase, welche hier in der Regel nur 2 bis 3 m/sec beträgt, ganz erheblich steigert, so daß sie zum mindesten auf die im eigentlichen Kessel üblichen von 7 bis 10 m/sec ansteigt. Bei dieser Geschwindigkeit lagert sich nur noch wenig Flugasche ab, die Hauptmenge wird im Fuchs niedergeschlagen. Außerdem wird durch die Erhöhung der Heizgasgeschwindigkeit, wie die einleitenden Untersuchungen über den Wärmeübergang erwiesen haben, die Leistungsfähigkeit des Speisewasservorwärmers bei gleichen Abmessungen beträchtlich gesteigert, oder aber man kann, wenn eine Leistungssteigerung nicht notwendig ist, an seinen Abmessungen und Anlagekosten Ersparnisse erzielen.

Als ein Nachteil dieser Leistungssteigerung der Speisewasservorwärmer muß auf den ersten Blick der Umstand erscheinen, daß der Wasserinhalt verringert wird. Damit wird bei Unregelmäßigkeiten der Speisung oder sonstigen Betriebsunterbrechungen die Gefahr des Überkochens des Vorwärmers vermehrt. Wenn nämlich die Wärmeaufnahme des Speisewasservorwärmers im Vergleich zu seiner Heizfläche gering ist, so fällt auch sein Wasserinhalt und seine Wärmespeicherfähigkeit vergleichsweise groß aus. Wird dann aus irgendeinem Grunde die Speisung des Kessels unterbrochen, so kann der Vorwärmer einige Zeit den wärmenden Heizgasen ausgesetzt bleiben, ohne daß seine Temperatur über die Siedetemperatur steigt und das Kochen eintritt. Bei der üblichen Bauart der Speisevorrichtung muß nun das Kochen des Vorwärmers streng vermieden werden, weil es Stoß- und Schlagerscheinungen in Vorwärmern und Leitungen zur Folge hat, welche häufig Rißbildungen in den meist gußeisernen Rohren sowie in den Wasserkammern der Vorwärmer zur Folge haben. Erhöht man daher die Wärmeaufnahme solcher Vorwärmer, so müßte man die Temperaturspanne zwischen Siedepunkt des Wassers und normaler Betriebstemperatur, welche bei den üblichen Verhältnissen mindestens etwa 50° betragen sollte, noch weiter vergrößern, damit solche Unregelmäßigkeiten keine schädlichen Folgen haben. Bei Erhöhung der Wärmeleistung müßte man diese Temperaturspanne ungefähr proportional der Wärmeleistung vergrößern, womit aber die Verwendbarkeit eines Speisewasservorwärmers überhaupt recht zweifelhaft wird, weil man beispielsweise bei Erhöhung der Leistung des Vorwärmers auf das Doppelte das Speisewasser nur auf höchstens 100° vorwärmen dürfte und nicht auf 150°, wie allgemein üblich. Dies scheint zunächst eine unüberwindliche Schwierigkeit für eine Leistungssteigerung der Speisewasservorwärmer. Und doch wäre eine solche Leistungssteigerung dringend erwünscht, auch aus betriebstechnischen Gründen. In Rauchgasvorwärmern treten gar nicht mal allzu selten sehr heftige Explosionen auf, welche an Gefährlichkeit für das Bedienungspersonal und Höhe des Schadens eigentlichen Dampfkesselexplosionen keineswegs nachstehen. Es scheint, daß diese Explosionen ausgelöst werden durch eine vorhergehende Entzündung brennbarer Gase in den Rauchkanälen und in den Vorwärmerkammern. Die Entzündung der brennbaren Gase bedingt den Bruch einer großen Anzahl von Vorwärmerrohren, und die über die Siedepunkthitze des Atmosphärendruckes erwärmten, plötzlich entspannten und ausströmenden Wassermengen verwandeln sich nahezu momentan, wenigstens zum Teil, in Dampf. Das unter höherem Druck ausströmende Dampfwassergemisch übt dann selbstverständlich dieselben verheerenden Wirkungen aus, wie man sie bei einer Kesselexplosion beobachten muß. Zur Verhinderung dieser Vorwärmerexplosionen empfiehlt es sich, die Heizgasgeschwindigkeiten in den Vorwärmern zu erhöhen und den Rauminhalt für etwaige explosible Gase auf einen unschädlichen Betrag zu verringern. Außerdem empfiehlt sich als naturgemäßes Mittel, den Vorwärmerinhalt möglichst zu verringern. Das sind nun genau dieselben Maßnahmen, wie sie auch für eine Leistungserhöhung notwendig wären, und es hätte daher sowohl aus betrieblichen Gründen als auch im Interesse der Wirtschaftlichkeit eine große Bedeutung, diese Maßnahmen zur Durchführung zu bringen.

2. Das Überkochen der Vorwärmer und Mittel zu dessen Behebung. Forscht man nun nach, welchen Grund die Stoß- und Schlagerscheinungen in den Vorwärmern haben, die ja, wie wir gesehen haben, einer Steigerung der Leistung der Vorwärmer, einer Erhöhung der Rauchgasgeschwindigkeiten und einer Verringerung des Wasserinhalts entgegenstehen, so zeigt sich, daß sie bedingt werden durch den wechselweisen Durchtritt von flüssigem Wasser und gasförmigem Dampf durch das Speiseventil am Kessel. In diesem Speiseventil wird der stets um mehrere Atm. höhere Speisewasserdruck gedrosselt auf den Kesseldruck und durch mehr oder weniger starke Drosselung die Menge des Speisewassers geregelt. Treten nun in die Zuleitung zum Speiseventil große Dampfblasen ein, und erreichen diese die Drosselstellen an dem Ventilkegel des Speiseventils, so entweicht die im Vergleich zum Wasser außerordentlich leichte Dampfmenge unter dem Einfluß des zwischen Speiseleitung und Kessel herrschenden Drucksprunges außerordentlich schnell in den Kessel. Bei einem Speisewasserdruck von 15 Atm. und einem Kesseldruck von 10 Atm. würde beispielsweise der Dampf mit einer Geschwindigkeit von 300 m/sec durch den Drosselspalt in den Kessel einströmen. Flüssiges Wasser dagegen würde unter den gleichen Umständen nur eine Geschwindigkeit von rund 30 m/sec annehmen. Wenn daher Dampf durch das Speiseventil in den Kessel eintritt, so fällt der Druck in dem Dampfvolumen vor dem Ventil außerordentlich rasch ab und die in der Rohrleitung nachfolgende Wassersäule wird stark beschleunigt, bis sie mit höherer Geschwindigkeit auf die Drosselstelle aufprallt. Das mit großer Masse begabte Wasser kann jedoch nur langsam zu dem Spalt in den Kessel entweichen, es wird praktisch augenblicklich angestaut zu einer sehr großen Druckwelle, welche die Stoß- und Schlagerscheinungen in Rohrleitungen und Vorwärmern erzeugt. Ähnliche Erscheinungen beobachtet man, wenn in einer gewöhnlichen Hauswasserleitung Luftblasen enthalten sind und man zu einem Zapfventil mäßige Mengen unter entsprechender Drosselung des Druckes ausströmen läßt. Bei diesem allbekannten Vorgang treten dem Wesen nach dieselben heftigen Stoß- und Schlagerscheinungen auf, die sich sehr gefährlich für Vorwärmer erweisen. Bringt man nun bei unseren Kesseln das Speiseventil nicht zwischen Vorwärmer und Kessel an, sondern setzt das Speiseventil an den Vorwärmereintritt, so treten keinerlei Druckstöße mehr auf, auch wenn aus dem Vorwärmer nicht unbeträchtliche Dampfmengen mit Wasser untermischt in den Kessel eintreten. Die Ursache der störenden Erscheinungen ist damit völlig beseitigt. Natürlich ist nichts dagegen einzuwenden, wenn zwischen Vorwärmer und Kessel, etwa unmittelbar am Kessel ein Rückschlagventil angeordnet wird.

Die vorbeschriebene Einrichtung der Speiseleitung hat noch den Mangel, daß man für jeden Kessel einen eigenen Vorwärmer braucht, während es vielfach doch bei Großkesseln üblich ist, für zwei nebeneinander gebaute Kessel nur einen gemeinsamen Vorwärmer anzubringen. Aus dieser Schwierigkeit gibt es jedoch verschiedene Auswege. Man kann entweder die beiden Einheiten des Dampfkessels wechselweise speisen, wobei man dann die Speiseleitung des nicht gespeisten Kessels durch ein Ventil gänzlich abschließt. Bei parallel an derselben Dampfleitung arbeitenden Kesseln ist es ferner möglich, das Speisewasser willkürlich zu verteilen, in dem man die Kegel der Rückschlagventile am Kessel mit Federn belastet, deren Spannung von außen geregelt werden kann. Eine Drosselung in gleichen federbelasteten Rückschlagventilen hat keine Druckstöße zur Folge, auch wenn Dampfblasen hindurchtreten, weil bei einer Drucksteigerung das federbelastete Ventil sogleich ausweicht. Ferner ist es möglich, eine Verteilung des Speisewassers zwischen Kesseln auch durch Drosselung vorzunehmen, wenn man zur Drosselung nicht den Spalt eines Ventiles benützt, sondern ein längeres, entsprechend enges Rohr, dessen einzelne Abschnitte man durch geeignete Schaltvorrichtungen ausschaltet. Beim Eintritt von beschleunigtem Wasser in dieses Rohr, wird dasselbe nicht so plötzlich, sondern nur allmählich verzögert, so daß störende Druckstöße ausbleiben. Schließlich ist es auch nicht allzu umständlich, die Vorwärmer eines Doppelkessels in zwei Abteilungen für jeden einzelnen Kessel aufzuteilen.

Es gibt also zweifellos Mittel, um die störenden Stoßerscheinungen in Vorwärmern zu beseitigen, und wenn es nun auch nicht zweckmäßig ist, in den Vorwärmern das Wasser allzu nahe an den Siedepunkt zu erwärmen, so kann man immerhin auch trotz gesteigerter Leistung des Vorwärmers vielfach die Temperaturspanne zwischen Siedetemperatur und Speisewassertemperatur herabsetzen, da ein gelegentliches Kochen des Vorwärmers keine Zerstörung des Vorwärmers zur Folge hat. Es ist zu vermuten, daß auf diesem Wege eine vollständige Lösung des Vorwärmerproblems zu erreichen ist.

Was die Speisevorrichtungen im übrigen angeht, so ist ihre Bauart nicht enger mit der Konstruktion der Kessel verknüpft und wir brauchen sie daher hier nicht näher zu erörtern. Bemerkt sei nur, daß Kreiselpumpen für die Kesselspeisung im allgemeinen vorzuziehen sind, weil Kolbenpumpen oft Stöße in Vorwärmern und Speiseleitungen auslösen, welche auf die Dauer Zerstörungen bedingen können.

Schluß.

Betriebserfahrung und wissenschaftliches Forschen.

Wenn man den hier gemachten Versuch, praktische Betriebserfahrungen mit hochbeanspruchten Groß-Dampfkesseln darzustellen und diese Erfahrung zu einer Verbesserung der Konstruktion und zu einer Steigerung der Leistung der Kessel heranzuziehen, überblickt, so wird man bemerken, daß der Dampfkesselbau noch viele ungelöste Aufgaben enthält. Ein Fortschritt auf dem Gebiete des Dampfkesselbaues ist nun weder zu erzielen durch bloße wärmetechnische Überlegungen, noch auch durch reine Ansammlung von Betriebserfahrungen. Es gilt hier offenbar Erscheinungen und Begriffe, die dem Physiker geläufig sind, anzuwenden auf die rauhe Wirklichkeit des Betriebes. Nur, wenn der mit physikalischen Erscheinungen und physikalischen Laboratoriumsversuchen gut vertraute Ingenieur hinabsteigt in die Hitze und den Lärm des Kesselbetriebes, mag es ihm gelingen, neue Anhaltspunkte für eine Vervollkommnung der Konstruktion zu finden. Man sollte sich nicht scheuen, ähnliche Wege zu beschreiten, wie sie auch auf einem anderen, in ähnlicher Weise der forschenden Arbeit des Ingenieurs bis vor kurzem entzogenen Gebiete in den letzten Jahren mit so großem Erfolg beschritten wurden. Ich denke hier an die Konstruktionsaufgaben des Werkzeugmaschinenbaues. Solange der Bau von Werkzeugmaschinen ausschließlich an der Hand reiner und nicht nach einheitlichen Gesichtspunkten geordneter Erfahrung beurteilt wurde, konnte man keinen klar vorgezeichneten Weg zu einer Verbesserung oder Vervollkommnung der Maschinen finden. Erst nachdem sich Ingenieure gefunden hatten, die sich nicht scheuten, mit eigener Hand die Arbeit dieser Maschinen zu studieren, um dann die Ergebnisse unserer weit fortgeschrittenen Wissenschaft auf das Gesehene anzuwenden, ließ sich ein neuer Fortschritt auf diesem Gebiete erzielen.

Heute ist es in der Tat selbstverständlich, daß der Werkstattsingenieur alle Einzelheiten der Werkzeugmaschinen kennt und ihre Arbeit durch Rechnung und Zahlen sowohl als durch systematische Versuche bestimmt. Vor Beginn unseres Jahrhunderts hätte man dagegen ein solches scheinbar nutzloses und theoretisierendes Behandeln von Erscheinungen, die auf den ersten Blick nur an Hand reiner Erfahrungen zu beurteilen sind, für völlig überflüssig gehalten. Ich meine nun, auf dem Gebiete des Dampfkesselbaues gilt etwas ähnliches, und es wird sich eine ähnliche Entwicklung zeigen. Man sollte mehr als bisher systematische und der wissenschaftlichen Forschung dienende Versuche machen und sich nicht mit bloßen Verdampfungsversuchen begnügen, bei denen nur die Leistung eines Kessels festgestellt wird und nicht die einzelnen Fragen erforscht werden können, welche für die Kesselkonstruktion oder den Wärmeübergang maßgebend sind. Hier liegt ein reiches Arbeitsfeld für die wärmetechnischen Laboratorien unserer Hochschulen vor und man sollte mit größter Tatkraft darauf dringen, daß alle diese Fragen des Wärmeüberganges und insbesondere auch der mechanischen Strömungserscheinungen, die mit dem Wärmeübergang zusammenhängen und den Wärmeübergang bedingen, geklärt werden. Die Erforschung in diesen Fragen sollte so weit gehen, daß jeder Dampfkesselingenieur eine lebendige Vorstellung von der mechanischen Strömung mit ihren komplizierten Wirbelerscheinungen und von der Natur des Wärmeüberganges gewinnt. Denn mit bloßen Rechnungsgrößen kann der Konstrukteur nichts anfangen. Nur die Anschauung über das, was gut ist und was weniger gut ist, kann ihm ein Leitstern sein.

Man sollte nicht meinen, daß die Wichtigkeit der anschaulichen Betrachtung der Naturgeschehnisse, wie sie der Ingenieur braucht, die Ingenieurtätigkeit in ihrem Wert herabmindern könnte. Eine eingehende Prüfung der Forschertätigkeit aller unserer Naturwissenschaftler und Gelehrten, auch unserer Mathematiker, die die mathematische Wissenschaft gefördert haben, zeigt, daß alle diese Gelehrten nur scheinbar rein abstrakte Studien gepflegt haben. In Wirklichkeit ist das dürre Knochengebilde der Zahlen- und Formelgrößen nur der Extrakt einer meist höchst anschaulichen und durchdringenden Erfassung von Naturerscheinungen und Gesetzen in ihrer ganzen Gesamtheit. Die Erfahrung zeigt, daß der Mathematiker, der sich ängstlich fernhält von jeder anschaulichen Verkörperung seiner Ideen, allzu oft und allzu leicht auf Irrwege gerät, wenn er die Ergebnisse seiner Rechnung anwenden soll. In der Regel ist auch der abstrakteste Mathematiker genötigt, sich seine Gedankenarbeit durch Aufzeichnung von Kurven, durch Körper, bewegliche Modelle oder biegsame Fadengewebe zu versinnbildlichen. Auch unser größter Mathematiker Gauss hat es nicht verschmäht, seine grundlegenden Sätze der Flächentheorie an wirklich gezeichneten und dargestellten Körpern nachzuprüfen und zu veranschaulichen. Auf viele Gesetzmäßigkeiten wird auch der abstrakteste Ideologe erst mit Hilfe seiner Anschauung geführt, auch wenn er nachträglich glaubt, es leugnen zu können und meint, durch abstrakte Gedankenarbeit allein den Fortschritt zeitigen zu können.

Darum soll auch der Ingenieur mit Eifer und Freude alle Erscheinungen, die bei seiner Arbeit auftreten, durchforschen, auch wenn auf den ersten Blick für seine Tätigkeit kein Raum zu sein scheint und alles durch geheiligte Erfahrung starr und fest dastehen möchte. Dies gilt auch für den Dampfkesselbau, und darum habe ich es unternommen, die scheinbar so einfachen, in Wirklichkeit verwickelten Erscheinungen des Dampfkesselbetriebes von neuem zu erkunden und von der physikalischen Seite her zu beleuchten. Auch wenn viele der Anschauungen und Meinungen, die sich mir auf diesem Wege aufgedrängt haben, auf die Dauer nicht unverändert bestehen bleiben können und durch bessere ersetzt werden müssen, so hoffe ich doch, daß sie zu neuem Studium und zu neuen Versuchen auf dem wichtigen Gebiete der Wärmenutzung anregen werden.